Mediterraner Wintergarten
„Wozu in die Ferne schweifen ..." – machen Sie doch mal Dauerurlaub in Ihrem grünen Reich daheim!

Ostasiatischer Wintergarten:
Fernöstliche Gartenkunst bringt ruhige und entspannte Atmosphäre in den Wintergarten

Äquator

Australischer Wintergarten:
Begeben Sie sich auf eine interessante botanische Reise zum anderen Ende der Welt

Südafrikanischer Wintergarten:
Für Liebhaber des Besonderen: die Kap-Region mit ihrer einzigartigen Flora

Tanja Ratsch

Winter
gärten

planen
bepflanzen
genießen

Ulmer

INHALT

Seite 82

Seite 110

Seite 148

Der temperierte Wintergarten

Kommen Sie mit auf eine Reise zu den Pflanzenwelten Südamerikas und Südafrikas, die mit faszinierend schönen Blüten und süßen Düften begeistern.

Der warme Wintergarten

Exotisches Tropen-Feeling mitten in Europa – Wintergärten machen es möglich und erschaffen selbst im Winter Oasen mit schmucken Blättern, leckeren Früchten und exklusiven Blüten.

Aktuelles

Rechtliche Bestimmungen und die Produktpalette auf den Pflanzenmärkten sind ständigen Veränderungen und Neuerungen unterworfen. Informieren Sie sich über den jeweils aktuellen Stand.

Der Traum vom Wintergarten

Der Wunsch nach einem eigenen Wintergarten erfüllt sich meist nicht sofort. Die Zeit bis zur Verwirklichung können Sie intensiv nutzen, um sich Gedanken über die Größe, Bauweise, Nutzung und vor allem über die Bepflanzung zu machen. Denn je genauer Sie sich vorher überlegen, wie Ihre blühende Oase unter Glas am Ende aussehen soll, umso näher kommen Sie Ihrer Traumvorstellung!

6

Dachterrassen unter Glas kann man das ganze Jahr hindurch nutzen – egal, ob es regnet oder schneit. Darunter liegen eingeschossige Wohnräume.

Wintergärten zum Wohnen und Wohlfühlen

Überdachter Wohlfühlgarten

Wer einmal einige Stunden in einem Wintergarten verbracht hat, weiß sofort, was einem zu Hause fehlt, wenn man noch nicht Besitzer oder Bewohner eines solchen ist. Durch die Verglasung an Decken und Wänden sind Wintergärten so hell wie kein anderer Aufenthaltsraum. Vor Wind und Wetter geschützt kann man hier sommers wie winters schöne Stunden mitten im Grünen verbringen, während es draußen kräftig gewittert oder die Schneeflocken tanzen und Eiseskälte herrscht. Kein Wunder also, dass ein Wintergarten oder zumindest ein Wohnraum mit großen Glasfronten ganz oben auf den Wunschlisten der Bauherren und Hausbesitzer steht.

Urlaubsoase im Alltag

In diesem Buch soll es nicht um den Wintergarten als Wohnraum alleine gehen. Das wäre Sache der (Innen-)Architekten. Im Rahmen dieses Buchen sollen Ihnen dagegen die Vorzüge des Gärtnerns unter Glas nähergebracht werden. Denn Winter-Gärten sind „Gärten mitten im Winter", die uns mit ihrer exotischen Pflanzenwelt und ihrer Vielfalt aus Blüten, Düften und Früchten in den Bann ziehen. Neben den häufigsten Fragen zu Bauweisen, Materialien und technischen Ausstattungen eines Wintergartens möchten wir Ihnen stimmungsvolle Gestaltungsideen aus aller Welt für Ihre persönliche Oase mit Kulturanleitungen ausgewählter Pflanzen geben.

Vom Hobby zur Leidenschaft

Oft fängt die große Liebe zu den exotischen Pflanzen ganz klein an, zum Beispiel mit einem geschenkten Olivenbäumchen oder mit einem Oleander-Steckling, den man als Urlaubserinnerung aus dem Süden selbst mitgebracht hat. Die ersten Jahre verbringen sie den Sommer auf der Terrasse, die Winter in einem kühlen, aber hellen Kellerraum. Doch nach und nach kommen immer mehr Arten hinzu – bis man kaum mehr Platz hat, um seine Schützlinge vernünftig im Haus zu überwintern. Wie schön wäre es da, wenn ein Wintergarten die Schar schöner Pflanzen aufnehmen könnte! Denn hier haben Sie das ganze Jahr etwas von Ihren Schätzen und können selbst im tiefsten Winter mitten im Grünen sitzen. Auch Ihre Pflanzen werden sich rundum wohl fühlen, da ihnen die Helligkeit gut tut, die in anderen Winterquartieren oft fehlt. Und sind schließlich die Pflanzen gesund, freut sich der Mensch!

Dieses Glashaus im niedersächsischen Holle wird ganzjährig von einer Gärtnerfamilie bewohnt.

Wen einmal die Leidenschaft gepackt hat, der wird rasch zum Sammler. Viele Wintergärten werden mit den Jahren zu wahren Fundgruben für besondere Arten, die sich mit botanischen Gärten durchaus messen könnten. Oftmals fokussiert sich das Interesse aber auch auf eine bestimmte Pflanzengruppe. So ist mancher Wintergarten nur den Kakteen und Sukkulenten vorbehalten, ein anderer ausschließlich den Orchideen oder einer Zitrus-Sammlung. Ihre Besitzer wissen sehr genau, welche Bedingungen ihre Schützlinge zum Gedeihen brauchen und so sind Bauweise, Technik und Bepflanzung ideal aufeinander abgestimmt.

Für andere Menschen wird die Passion zum Beruf oder umgekehrt. So hat die auf Innenraumbegrünungen spezialisierte Gärtner-Familie Kremkau aus dem niedersächsischen Holle den Schritt gewagt, dauerhaft unter Glas zu leben. Ihr eingeschossiger Bungalow ist mit einer ungeheizten Hülle aus Glas umgeben, die mit einem üppigen Garten mediterraner Arten bepflanzt ist. Das Dach des Bungalows dient als großzügige, bepflanzte Terrasse. Probleme wie eine zu hohe Luftfeuchtigkeit oder übermäßige Hitze im Sommer kann die vierköpfige Familie nach den ersten vier Wohnjahren als erledigt betrachten. Eine großzügig dimensionierte Lüftung im Dach- und Seitenbereich sowie eine ausgereifte Technik garantieren ein optimales Klima. Bei der Konzeption stand von Anfang an ein Architekt als Berater und Planer zur Seite.

Dieser Orchideen- und Epiphytengarten ist ein Paradies für Sammler.

Erst planen, dann bauen

Je konkreter auch Sie wissen, wie Sie Ihren Wintergarten nutzen wollen, umso besser erfüllt er später Ihre Wünsche. Leider kommt es allzu oft vor, dass mein Mann und ich bei der Beratung in unserer Versandgärtnerei für Wintergarten- und Kübelpflanzen in Ulm vor vollendete Tatsachen gestellt werden. Der Wintergarten steht schon – und jetzt sollen wir als Diplom-Ingenieure daraus das Beste für die Pflanzplanung machen. Viel besser für alle Beteiligten – Bauherren, Planer wie Pflanzen – wäre es, wenn man sich schon vor der Baumaßnahme ebenso eingehend über die technischen Details wie über die Bepflanzung informieren würde. Pflanzen sind Lebewesen, die bestimmte Lichtverhältnisse, Temperaturen und ausreichend Platz benöti-

gen, um sich optimal entfalten zu können. Ziehen Sie deshalb frühzeitig Fachleute zu Rate, die sich seit vielen Jahren mit den speziellen Arten und ihren Ansprüchen beschäftigen. Die örtlichen Gärtnereien sind hier oftmals ebenso überfragt wie die Gartencenter oder Landschaftsbaubetriebe, sofern sie nicht über speziell ausgebildetes Personal oder Erfahrungen verfügen. Dabei ist die Pflege der Exoten im Grunde auch nicht schwerer als die einer Geranie oder eines Obstbaumes – man muss nur wissen, wie es geht! Und genauso wenig, wie wir Ihnen als Spezialbetrieb für exotische Pflanzen unter Glas guten Gewissens eine Apfelsorte empfehlen können, die wir noch nie probiert haben, so wenig kann Ihnen ein auf Obstbau spezialisierter Gärtner helfen, der niemals eine *Bougainvillea* selbst kultiviert hat.

Den besten **Standort** finden

Glashäuser sind ideale Wärmefallen. Die Sonnenstrahlen dringen durch die Scheiben hindurch, die langwelligen Wärmestrahlen aber nicht mehr hinaus. Dadurch heizen sich Wintergärten schnell auf und sind ein kostenloser Energiespender, der bei der Schonung fossiler Energien hilft. Gerade in den Übergangsjahreszeiten Frühjahr und Herbst liefern Wintergärten so viel Energie, dass man die Zentralheizung des Hauses bis zu vier Wochen später ein- und früher ausschalten kann. Die Ersparnis kann sich sich pro Jahr auf hunderte Euros aufsummieren. Am einfachsten nutzen Sie die Sonnenenergie, indem Sie die Türen zu den Wohnräumen öffnen und die warme Luft zirkulieren lassen. Mit Ventilatoren und kanalisierten Luftströmen lässt sich dieses Prinzip technisch verfeinern, was jedoch einen höheren Kostenaufwand verursacht.

TIPP

Wussten Sie...

..., dass etwa 50 % aller Wintergärten nach Süden ausgerichet sind und 10 % nach Norden? Ost- und Westlagen liegen bei je 20 %. Der Anteil frei stehender Wintergärten ist im Vergleich zu den angelehnten oder in das Gebäude integrierten Glasflächen gering.

Energiespender im Süden, Energiefresser im Norden

Die Rechnung mit der Energieeinsparung geht jedoch nur auf, wenn die Wintergärten richtig konzipiert sind. Die Glasanbauten sollten nach Süden orientiert sein und nicht von hohen, immergrünen Bäumen oder Nachbargebäuden beschattet werden. Das Glas muss das Sonnenlicht hindurchlassen, was zum Beispiel bei beschichteten Sonnenschutzgläsern nur bedingt der Fall ist: der Großteil wird an den spiegelnden Außenflächen reflektiert. Einfachgläser lassen viel Strahlungsenergie hinein, aber auch ebenso rasch wieder hinaus, da ihr Isolierwert gering ist.

Ein nach Süden ausgerichteter Wintergarten fängt die Sonnenwärme ein.

Wärmeschutzgläser mit U-Werten (Energiedurchlasskoeffizient) unter 1,3 fangen und schließen viel energetisch wirksame Strahlung ein. Der Wärmeverlust beträgt im Vergleich zum Einfachglas nur etwa ein Drittel. Die Wärme sollte den Wohnräumen zufließen können, diese aber im Sommer nicht überhitzen. Planen Sie deshalb stets eine flexible Abtrennung zu den Wohnräumen ein.

Es ist aus energetischer Sicht unsinnig, einen Wintergarten laufend mit fossilen Energieträgern zu beheizen. Dann verkehrt sich seine positive Eigenschaft als Energiespender ins Gegenteil und er wird zum Energiefresser. Wer umweltbewusst handelt, baut deshalb einen kalten Wintergarten (Seite 36 ff.) in Südlage, der während der frostigen Jahreszeit nicht oder nur sporadisch beheizt wird. Wer sich dagegen für einen temperierten (Seite 82) oder warmen Glasanbau (Seite 110) entscheidet, muss mit einem höheren Energieaufwand als -gewinn rechnen.

Der Himmel ist richtungsweisend

Extremfälle sind Wintergärten auf der Nordseite eines Hauses, die ganzjährig auf über 18 °C beheizt werden und keine flexible Abtrennung zu den Wohnräumen haben. Von der Sonne abgeschnitten, entziehen sie dem Haus unter Umständen selbst in den warmen Monaten mehr Energie, als sie ihm zuführen können! Ost- und Westlagen müssen besonders kritisch geprüft werden. Ihre Energiebilanz hängt wesentlich davon ab, wie viel Wärme während des Tageslaufs der Sonne eingefangen werden kann, und ab wann die Beschattung einsetzt. Hierbei hilft eine Schattenberechnung. Sie berücksichtigt die verschiedenen Sonnenstände im Jahresverlauf und bestimmt, von welchen umliegenden Gebäuden oder immergrünen Bäumen mit einer Beschattung der Glasflächen zu rechnen ist, die den Wärmegewinn schmälert. Für die Ermittlung gibt es leicht verständliche Diagramme und auch Planungssoftware für Computer. Die südliche Schmalseite von Wintergärten in West- oder Ostlage sollte möglichst offen, die Nordseite geschlossen, vielleicht sogar als Speicherwand gebaut sein.

Bedenken Sie: Im Winter ist der Schattenwurf umliegender Gebäude durch die tief stehende Sonne viel länger!

Wussten Sie...

..., dass man beim Bau eines Hauses oder eines Anbaus, zu denen ein Wintergarten in der Regel zählt, einen „Energiebedarfsausweis" benötigt? Die Berechnung für den Energiebedarf erfolgt nach den Maßgaben der „Energieeinsparverordnung", kurz „EnEV" (Seite 148 ff.).

TIPP

Je kompakter, desto besser

Halbkugeln und Würfel sind aus energetischer Sicht die optimale Form für einen Wintergarten, da sie für den Rauminhalt ein Minimalmaß an Außenfläche erfordert. Schmale, lange Wintergärten verschlechtern das Verhältnis zwischen Außenhülle und Innenraum. Das wirkt sich am Ende negativ auf die Energiebilanz aus. Aber natürlich spielen beim Bau eines Wintergartens nicht nur rein rechnerische Kriterien eine Rolle. Schließlich muss er Ihnen auch gefallen! Deshalb bemüht man sich um Kompromisse zwischen bautechnischen und optischen Gesichtspunkten.

Bautypen, Formen, Größen

Verzahnung zwischen Haus und Garten

Ideal ist es, wenn Sie den Wintergarten von Anfang an in den Hausbau einplanen – selbst wenn er nicht sofort mit gebaut wird. So geht der Glasbau mit dem Gebäude eine optische wie konstruktive Verbindung ein. In diesem Beispiel ist der Wintergarten als Dachverlängerung konzipiert. Selbst bei nachträglichem Anbau bildet diese Konstruktion mit dem Haus eine Einheit und verschmilzt durch die Pflanzen mit dem Garten.

Alles unter einem Dach

Mit der baurechtlichen Genehmigung der zuständigen Baubehörde und dem statischen Nachweis, dass Untergrund und Konstruktion bei Schnee- und Windlasten stabil sind (siehe Seiten 16 und 148), steht selbst dem Bau eines Wintergartens über den Dächern der Stadt nichts im Wege. Hier ist das Wissen eines erfahrenen Architekten und Statikers gefragt, um die komplexen baulichen Anforderungen zu erfüllen.

Ein Hauch von Nostalgie

Die Erfolgsgeschichte des Wintergartens begann mit den Orangerien herrschaftlicher Parkanlagen, in denen Kübelpflanzen aus aller Welt wie Zitruspflanzen überwintert wurden. In Anlehnung daran baut man auch heute noch Glasvorbauten mit großen Holzsprossen-Fenstern. Hier wurde dazu das Dach verlängert und mit Dachfenstern zur Querlüftung versehen. Eine zentrale Tür mit Treppe leitet hinab in den Garten.

Ganz schön ums Eck gedacht

Auch älteren oder ländlichen Gebäuden steht ein moderner Wintergarten sehr gut an, wenn man ihn einfühlsam auf die Umgebung abstimmt. Modelle in Standard-Bauweise wirken allzu oft wie Fremdkörper, wenn sie nicht an die Proportionen und den Stil des Hauses angepasst werden. Probieren Sie mehrere Entwürfe aus!

Ideen für Sie: **Bautypen, Formen, Größen**

Die meisten Wintergärten geraten zu klein – kein Wunder angesichts der Baukosten. Dennoch sollten Sie versuchen, Ihre Grüne Oase so groß wie möglich zu dimensionieren. Denn: Je größer das Volumen eines glasumbauten Raumes ist, umso angenehmer ist das Klima darin, da es weniger starken Schwankungen unterworfen ist. Je höher ein Wintergarten ist, umso langsamer heizt sich der Aufenthaltsbereich auf, da warme Luft nach oben steigt und sich hier sammelt. Ist ein großes „Dachvolumen" vorhanden, dauert es lange, bis sich die Hitze bis nach unten zurückstaut. Auch Ihre Pflanzen fühlen sich umso wohler, je luftiger sie stehen. Stickige, stehende Luft fördert dagegen Schädlingsbefall.

Platz für Menschen und Pflanzen

Wenn Sie bedenken, dass alleine ein Sitzplatz für sechs Personen mit Tisch eine Fläche von mindestens $2 \times 3\,\text{m}$ einnimmt, wird rasch klar, dass ein Wintergarten unter $10\,\text{m}^2$ aus der Sicht eines Pflanzenfans keinen Sinn macht. Hier haben keine vier größeren Pflanzen Platz. Man streift ständig an ihnen entlang und ihre Kronen können sich nicht naturgemäß entfalten, da sie sofort an die Wände oder Gläser stoßen, die sich im Sommer stark aufheizen und die Blätter verbrennen können. Wer deshalb einen zumindest weitgehend geschlossenen, grünen Rahmen in seinem Wintergarten wünscht, sollte mit nicht weniger als $25\,\text{m}^2$ kalkulieren. Sollen die Pflanzen in Grundbeete oder Becken ausgepflanzt werden, ist mit mindestens $35\,\text{m}^2$ zu rechnen, für einen richtigen „Garten aus Glas" nicht unter $50\,\text{m}^2$. Dabei gilt es zu bedenken, dass es wie bei jedem Bauwerk auch für den Bau von Wintergärten Grundkosten gibt, die unabhängig von der Fläche gleich hoch sind (z.B. Planungskosten, Materialanlieferung) und sich erst mit steigender Größe besser auf den einzelnen Quadratmeter verteilen.

Je größer man baut, umso günstiger wird der einzelne Quadratmeter!

Je höher ein Wintergarten ist, umso angenehmer ist das Klima, da sich im Giebel mehr heiße Luft als Puffer sammeln kann.

Wussten Sie...

..., dass mehrstöckige Wintergärten den größten Gestaltungsspielraum bieten? Mit einer offenen Galerie kann man auf verschiedenen Ebenen und in Augenhöhe mit meterhohen Baumkronen sitzen. Das „Tropen-Feeling" ist Ihnen hier sicher.

TIPP

Eine Frage der Form

Grundriss und Form eines Wintergartens sind Ergebnisse des persönlichen Geschmacks und der Möglichkeiten vor Ort. Grundsätzlich gilt: Je einfacher ein Wintergarten zugeschnitten ist, umso einfacher ist er zu bauen. Jeder Versatz und jede Winkeländerung erfordern aufwändigere, oft individuelle und dadurch kostspieligere Konstruktionen als ein Anbau mit geraden Linien und einer einheitlichen Dachneigung. Bedenken Sie zudem, dass Nahtstellen aus bautechnischer Sicht stets kritisch sind. Hier kommt es bevorzugt zu Spannungen und Undichtigkeiten. Je unkomplizierter die Anschlüsse zwischen Haus und Anbau dagegen sind, umso weniger Fehlerquellen bergen sie in sich.

Beispielhafte Glasprojekte

Die Großen machen's vor

An großen Projekten ist zumeist ein Stab von Fachleuten beteiligt, die ihr Wissen einbringen, um zu zukunftsweisenden Ergebnissen zu kommen. Großprojekte sind deshalb wahre Fundgruben für neue und vorbildliche Ideen.
Zwei dieser weltweit beachteten Forschungsobjekte werden Ihnen hier vorgestellt.

Das „Eden-Project" (Europa)

Im Süden Großbritanniens, östlich der Stadt St. Austell, steht in einer ehemaligen Lehmgrube das größte Gewächshaus der Welt. Es setzt sich aus mehreren Kuppeln zusammen, die wie Honigwaben miteinander verbunden sind. Die Eindeckung besteht aus speziellen Kunststofffolien, aus Gewichtsgründen nicht aus Glas. In ihrem Inneren beherbergen sie zwei in sich geschlossene Landschaften. Die Regenwaldzone beherbergt etwa 12.000 Pflanzen, einen 25 m hohen Wasserfall und viele weitere Attraktionen. Die zweite Zone ist für Wintergartenbesitzer ein wahres Eldorado: die mediterrane Zone, „warm temperate biome" genannt. Hier sind in heißer, trockener Atmosphäre Pflanzen aus Südafrika, Südwest-Australien, Chile, Kalifornien und natürlich der Mittelmeerregion zusammengetragen. Große Zitrus- und Korkeichen-Haine sind hier unter anderem zu bewundern.

Über Anreise, Unterkunft, Öffnungszeiten etc. informiert Sie: www.edenproject.de.

„Biosphere 2" (USA)

In der Sonoran-Wüste von Arizona dient dieser Komplex verschiedener Gewächshäuser der Klimaforschung. Die Anlagen sind für Besucher zugänglich und werden seit 1996 von der Columbia University verwaltet. Davor diente das in den späten achziger Jahren begonnene Projekt dem Versuch, Menschen ohne Hilfe von Außen das Überleben allein aus dem zu sichern, was eine geschlossenes Ökosystem unter Glas hergibt (1991–93 und 1993–94).
Heute konzentriert sich die Forschung unter anderem auf die Wechselwirkung zwischen der Pflanzenwelt und dem Treibhausgas CO_2.
Die Anlage enthält drei große Landschaften, Biome genannt. Das erste ist ein 27.000 m² umfassender Regenwald. Zentrum des zweiten Bioms ist ein 35 x 20 x 7 m großes Becken, das mit Salzwasser gefüllt ist und der Erforschung von Korallenriffen dient. Im dritten Komplex befinden sich land- und forstwirtschaftliche Kulturen wie Getreide oder Baumwolle. Fünf weitere „Wilderness ecosystems" runden den Komplex ab. Im angeschlossenen Informationszentrum erfährt der

Tropenlandschaft: Innenansicht der Kuppel-Gewächshäuser des „Eden-Projects" in Cornwall, England.

Besucher viel Wissenswertes über das Leben in geschlossenen Systemen unter Glas, das er auf seinen Wintergarten zu Hause übertragen kann. Näheres erfahren Sie unter: www.bio2.edu.

Besuchsziele: Botanische Gärten in Deutschland

Wer nicht ganz so weit reisen möchte, um etwas über Wintergärten und ihre Bepflanzung zu erfahren, findet auch hierzulande lehrreiche Anschauungsobjekte: in den botanischen Gärten. Sie kultivieren in ihren oft historischen Schaugewächshäusern eine Fülle bekannter wie unbekannter, häufiger wie rarer Pflanzen. Wer die Bepflanzung genau betrachtet, kann eine Menge für den Wintergarten zu Hause lernen: Welche Pflanzen passen zusammen, wie sind sie gepflanzt, damit sie sich gegenseitig nicht bedrängen, wie sind die Höhen und Wuchsformen aufeinander abgestimmt? Hinweistafeln informieren über einzelne Arten

Botanische Gärten arrangieren und pflegen ihre Pflanzen vorbildlich.

als in den botanischen Gärten, hier zumeist nicht beschildert sind, kann man sich einiges Know-how zu Bepflanzung und eingesetzter Technik aneignen. Ebenfalls informativ kann der Besuch eines Schmetterlingshauses sein, die nicht nur von botanischen Gärten wie in Wien (Palmenhaus im Burggarten), Mannheim (Tropenhaus im Luisenpark), Berlin (Tropisches Schmetterlingshaus Im Britzer Garten) oder Hamm/Westfalen (Maximilianpark) unterhalten werden.

Auch private Schauanlagen sind ein lohnendes Besuchsziel: beispielsweise das Schmetterlingshaus „Idea" (Neuenmarkt bei Bayreuth), das Schmetterlingshaus der Blumeninsel Mainau (Bodensee) oder das Schmetterlingshaus im Vogelparadies Bad Rothenfelde.

Erfahrungsaustausch unter Gleichgesinnten

Unschätzbar wertvoll sind Gespräche mit Menschen, die bereits einen Wintergarten besitzen und ihre Erfahrungen damit gemacht haben. Sie können Ihnen Tipps geben, auf was Sie besonders achten und welche Fehler Sie vermeiden sollten. Zwar schließt das nicht aus, dass auch Sie am Ende Einiges besser machen würden, da jeder Wintergarten individuelle Schwierigkeiten in sich birgt. Aber einen Teil des Fehlerpotenzials kann man so umgehen. Wenn Sie keine Möglichkeit haben, mit Wintergartenbesitzern zu sprechen, sollten Sie die bauausführende Firma um Referenzobjekte bitten und versuchen, diese zu besichtigen.

oder Sonderthemen wie zum Beispiel den Pflanzenschutz mit Nützlingen. Darüber hinaus bieten viele botanische Gärten Vorträge und Veranstaltungen an, die Ihnen auf verständliche Art die faszinierende Welt der Pflanzen näherbringen. Kurzum: Botanische Gärten mit Schaugewächshäusern sind immer einen Besuch wert – vor allem während der tristen Wintermonate. Informationen zu den einzelnen Anlagen und be-

gleitenden Veranstaltungen finden Sie im Internet oder in der lokalen Presse.

Zoologische Gärten und Schmetterlingshäuser

Eine weitere Quelle für gute Ideen sind Zoologische Gärten, die für tropische Vogelarten, Reptilien und andere Tiere oftmals große, üppig bepflanzte Glashausanlagen errichten. Auch wenn die Pflanzen, anders

Der Bau Ihres Wintergartens

Sollen sich Menschen und Pflanzen unter Glas auf Dauer wohl fühlen, ist mehr vonnöten als eine transparente Hülle. Planen Sie von Anfang an eine lichtdurchlässige Verglasung, optimale Belüftung und ein effizientes Heizsystem ein. Es gilt, sich für Pflanzbeete oder Einzelgefäße in Ihrem blühenden Paradies zu entscheiden und sich über Techniken zu informieren, um die Pflege zu vereinfachen.

32

Becken bepflanzen Schritt für Schritt

SCHRITT FÜR SCHRITT

1 Wer seine Pflanzen nicht in einzelnen Gefäßen halten, sondern auspflanzen möchte, hat zwei Möglichkeiten: Zum einen kann man Grundbeete anlegen. Diese sind nach unten offen und gehen in den gewachsenen Erdboden über. Wer dagegen als Fundament für seinen Wintergarten Bodenplatten verwendet hat, legt Pflanzbecken an. Dazu werden zunächst Umfassungsmauern als Rahmen gesetzt, die mindestens 50 cm hoch sein sollten.

2 Damit die Becken wasserdicht werden, kleidet man sie mit Folie aus. Die zumeist schwarzen Bahnen sind mindestens 1 mm dicke PVC-Folien, wie sie auch im Teichbau verwendet werden. Damit sie nicht von unten durch Steinchen beschädigt werden, kleidet man das Becken zunächst mit einem Schutzvlies aus. Die später eingefüllte Erde und die Bepflanzung verursachen einen hohen Druck auf die Folie, so dass selbst aus kleinen Beschädigungen Löcher entstehen können.

3 Pflanzen vertragen es nicht, wenn ihre Wurzeln ständig im Nassen stehen. Da die Feuchtigkeit jedoch nur langsam aus den tieferen Bodenschichten entweichen kann, bildet sich umso eher Staunässe, je tiefer ein Pflanzbecken ist. Deshalb baut man Belüftungs- und Überlaufventile ein. Es sollte zwar nie soweit kommen, dass ein bepflanztes Becken so viel gegossen wird, dass es überläuft. Doch selbst für den Notfall (z.B. defekte Bewässerungsautomatik) sollten Sie gewappnet sein. Wichtig ist, dass die Teichfolie auch um die Ventile herum dicht schließt. Bei größeren Becken sollte dies von einer Fachfirma vorgenommen werden, um die Folien entsprechend zu verschweißen.

4 Die Folie sollte zum Schluss möglichst keine Falten aufweisen, da Knickstellen die Haltbarkeit beeinträchtigen. Es sollten auch keine Spannungen herrschen, die durch das Gewicht des Substrats zu Rissen führen können. Ist die Folie optimal verlegt, widmet man sich der Randbefestigung. Die Folienränder können mit Hilfe von Schienen am Rand eingeklemmt und festgeschraubt werden. Ebenso ist es möglich, sie über die Mauerkrone zu schlagen und zu befestigen. Dazu darf die Mauer jedoch noch keinen Abschluss haben. Auf die befestigte Folie wird eine Unterkonstruktion aufgebracht, auf der dann die Mauerabdeckung verlegt wird.

5 Nutzen Sie die Mauer nicht nur als Begrenzung für Ihre Beete. Wer die Abdeckung breiter und zum Beispiel statt aus Fliesen in Holz ausführt, schafft gleichzeitig lange Sitzflächen.

6 Wer gerne ein Wasserspiel in seinen Wintergarten integrieren möchte, sollte sich dies rechtzeitig überlegen. Beispielsweise durch einen zweiten Mauerring innerhalb des Pflanzbeckens lässt sich während der Bauphase ohne viel zusätzlichen Aufwand ein Wasserreservoir mauern. Ebenso können Sie ein Fertigbecken aus Kunststoff in die Beete einsenken, wie sie in verschiedenen Größen und Formen für den Garten angeboten werden. Der Fachhandel für Teichtechnik und -zubehör hält eine breite Palette an Quellsteinen, Springbrunnendüsen, vorgefertigten Bachlaufschalen sowie die dazugehörigen Schläuche und Pumpen bereit.

9 Besonders große und schwere Pflanzen lassen sich von Hand oft nicht mehr bewegen. Man nimmt Hubgeräte zu Hilfe. Ideal, aber leider selten durchführbar ist es, wenn man die Bäume setzt, noch bevor der Wintergarten mit Glas eingedeckt wird. So hat man von außen Zugriff auf die Becken und kann schwere Pflanzen über Ausleger hineinheben.

10 Wenn die großen Leitpflanzen gesetzt sind, füllt man die Zwischenräume mit Erde auf, wiederum unter der Maßgabe, dass diese leicht verdichtet wird. Nach und nach setzt man auch die mittleren

7 Sind alle Anschlüsse erstellt und überprüft, beginnt man, die Fläche aufzufüllen. Zuerst gibt man eine Dränageschicht aus Kies oder Blähton hinein und deckt diese mit Vlies ab. Je nach Größe der einzusetzenden Pflanzen wird dann zunächst nur so viel Erde aufgeschüttet, dass die größten Ballen mit ihrer Oberkante etwa 2 bis 3 cm unterhalb des Beckenrandes enden. Planen Sie dabei eine Zugabe ein, da sich das Substrat im Laufe der ersten Monate setzen und absenken kann. Sacken die Pflanzenballen dabei mit ab, ist ein späteres Anschütten oft unmöglich, da die Stammansätze sonst faulen würden. Man müsste sie ausgraben und neu nivellieren.

8 Damit die Mauerkrone beim Einfüllen der Erde nicht beschädigt wird, deckt man sie mit den abgeschnittenen Folienresten ab. Die frische Erde sollte schichtweise leicht verdichtet werden, damit sie sich setzt und sich eventuelle Hohlräume schließen. Dazu klopft man mit einer Flachschaufel systematisch die Flächen fest und gießt die Erde an.

und kleinen Pflanzen ein. Halten Sie sich dabei an den Pflanzplan. Kleine Abweichungen im Detail, die sich aufgrund der Pflanzengestalt und -form ergeben, sind jederzeit erlaubt, wenn sie dem Gesamtkonzept

dienen. Lassen Sie sich jedoch nicht dazu verführen, enger und dichter zu pflanzen. Frische Pflanzungen muten oft etwas kahl und leer an. Doch Sie werden sich wundern, wie rasch sich die Arten entwickeln und die Lücken schließen werden, wenn sie für den Standort passend ausgewählt wurden.

11 Wie im Garten, so tut auch den Beeten unter Glas eine Mulchschicht wohl. Sie unterdrückt die Unkrautbildung, die auch in Wintergärten nicht ausbleibt, da über geöffnete Fenster Samen einfliegen und über die Pflanzenerde Unkräuter eingetragen werden können. Als Mulchschicht eignet sich unter Glas vor allem Kies oder anderer Steingrus, aber auch Rindenmulch.

SCHRITT FÜR SCHRITT

Bewährte *Bodenbeläge*

Einmal verlegt, sollte der Bodenbelag ebenso lange halten wie der Wintergarten selbst. Wägen Sie deshalb vorher genau ab, welcher Belag dauerhaft geeignet ist.

Auf schmalen Wegen wandeln

Wer Grundbeete anlegen möchte, geht im Wintergarten im Prinzip wie im Garten vor. Der anstehende Erdboden wird aufgebessert oder ausgetauscht, damit er sich als Pflanzsubstrat eignet. Dazwischen legt man befestigte Wege und Sitzflächen an. Sie bekommen eine Randeinfassung und werden mit Platten oder Pflastersteinen bedeckt. Auch Kies- oder Mulchwege kommen in Frage, wenn über Abtritte gewährleistet ist, dass man keinen Schmutz in die Wohnung trägt.

Die richtige Farbe und Oberfläche

Anders verhält es sich in Wintergärten, die auf einer Bodenplatte aus Beton fußen. Sie werden in der Regel komplett gefliest. Achten Sie dabei auf ein pflegeleichtes Fabrikat. Weiße Fliesen erfordern einen hohen Reinigungsaufwand, denn wo Pflanzen wachsen und blühen, fallen Blätter zu Boden und Gießwasser schwappt über. Zudem sind weiße Böden schlechte Energiespeicher und blenden bei Sonnenschein sehr stark. Die bessere Wahl sind dunklere Farbtöne, zum Beispiel Ziegelrot, das als Kontrast zum Grün der Blätter sehr schön aussieht, darüber hinaus Wärme speichert und abends wieder abgibt.

Die Beläge sollten auf jeden Fall kratzfest sein, damit kleine Steinchen, die aus der Erde auf den Boden fallen, keinen Schaden anrichten. Wählen Sie raue Oberflächen, damit Sie auch dann nicht ausrutschen, wenn sich Schwitzwasser gebildet hat, oder beim Gießen eine kleine Pfütze entstanden ist.

Holzböden im Wintergarten sind selten, da das Material rasch ausbleicht, austrocknet und im Extremfall reißt. An Gemütlichkeit ist es jedoch kaum zu übertreffen und sollte schon deshalb häufiger eingesetzt werden.

Aufwändige Fliesenmuster unterstreichen die Wohnraumatmosphäre eines Wintergartens, stehlen aber den Pflanzen die Schau.

Wintergärten *möblieren*

Natürlich ist die Wahl der Möbel für den Wintergarten in erster Linie Geschmackssache. Es gibt jedoch auch objektive Kriterien, die bei der Wahl mit entscheiden.

Robuste Gartenmöbel aus Holz und Metall sind für Wintergärten genau richtig.

Haltbar wie Gartenmöbel

Unter Glas sind die Materialien zwei Umweltfaktoren ausgesetzt, die ihre Haltbarkeit herabsetzen: Zum einen der Sonne, die das Material ausbleicht, erhitzt und austrocknet. Zum anderen der Luftfeuchtigkeit, die zu Schimmelbildung bei Stoffen, Wasserflecken in Hölzern und Rostbildung bei Metallmöbeln führen kann. Achten Sie deshalb bei der Wahl des Mobiliars auf eine hohe Qualität. Die Stoffe sollten lichtbeständig sein, sonst bleichen sie aus oder verschleißen sehr schnell. An die Gestelle sind ebenso hohe Standards anzulegen wie an Gartenmöbel, die Wind und Wetter Stand halten müssen. Und tatsächlich sind Sie in allen Wintergärten mit Gartenmöbeln in der Regel besser beraten als mit Indoor-Modellen, deren Material und Verarbeitung oft nicht auf Licht-, Temperatur- und Feuchtigkeitsextreme ausgerichtet sind.

Gleichzeitig sollten die Möbel Ihren Wintergarten schonen. Achten Sie darauf, dass Stuhlbeine keine scharfen Kanten haben, die Fliesen Kratzer zufügen können. Metallstühle sind eher eine Gefahr für den Bodenbelag als Holz- oder Plastikstühle, die keine Ecken ausschlagen, wenn sie umfallen.

Unter Glas sind Holzmöbel zwar vor Regen geschützt. Da die Sonne sie jedoch austrocknet und ausbleicht, sollte man sie regelmäßig mit Holzschutzmitteln behandeln.

Alles aus einem Guss

Hinterfragen Sie vor dem Kauf Ihrer Möbelstücke, ob Farbe und Material mit dem harmonieren, was der Glasanbau bereits enthält. Eine rustikale Holzbank in einer filigranen Hülle aus Metall und Glas kann ebenso befremdlich wirken wie ein postmoderner Kunststoffsessel in einem gemütlichen Wintergarten aus Holz. Dabei ist auch die Farbe und Art des Bodens, der Töpfe oder Beeteinfassungen und die Wandgestaltung (z.B. Ziegel, weißer Putz) zu berücksichtigen.

Platz für alle Bewohner und Besucher

Auch wenn Wintergärten anfangs oft als „Oasen der Ruhe" geplant werden, rücken sie schnell sie in den Mittelpunkt des Familienlebens, da es hier einfach so schön hell ist wie in keinem anderen Raum. Planen Sie deshalb genügend Stühle und eine große Tischplatte ein, um die ganze Familie und Freunde zu jeder Gelegenheit willkommen zu heißen.

Der kalte Wintergarten

Frieren müssen Sie in diesen Wintergärten nicht! Das Attribut „kalt" bezieht sich auf die Wintermonate, in denen nicht oder nur wenig geheizt wird. Dafür geht es in diesem Glashaustyp im Sommer heiß her, denn durch die Scheiben strahlt das Sonnenlicht mit voller Kraft. Blühende und fruchtende Pflanzen gedeihen hier fern ihrer Heimat, dem Mittelmeerraum, Australien oder Ostasien.

Leben wie am **Mittelmeer**

Steinquader unterstreichen den natürlichen Charakter mediterraner Wintergärten.

Die Pflanzen des Mittelmeerraums sind den meisten von Ihnen sicher wohl bekannt, denn wir Mitteleuropäer verbringen unseren Urlaub gerne in mediterranen Gefilden wie Italien, Spanien, Frankreich, der Türkei oder Griechenland, aber auch auf den Kanarischen Inseln und den Azoren. Damit aber die schönen Urlaubserlebnisse zu Hause nicht zur bloßen Erinnerung verblassen, halten immer mehr Mittelmeerpflanzen in unseren Wohnbereich Einzug.

Klimatische Wechselbäder

Mittelmeerpflanzen sind an ein mediterranes Klima gewöhnt, das durch trockene, heiße Sommer und frostarme, meist niederschlagsreiche Winter geprägt ist. Sie haben richtig gelesen: Mediterrane Winter sind frostarm, aber nicht frostfrei! Minusgrade von −10°C sind keine Seltenheit, allerdings nicht von solcher Dauer wie bei uns. Kurzfristige Wetterphasen mit Frost und Schnee nehmen zwar die Kronen in die Zange, lassen aber den Boden nicht durchfrieren. Wer den Mediterranen diese Wechselbäder der Extreme bieten kann, wird sich über vitale, blühfreudige und fruchtende Pflanzen freuen können. Fehlen sie ihnen dagegen, werden viele blühfaul, fruchten nur noch spärlich und zehren sich mit den Jahren auf. Als Zimmerpflanzen, als die sie leider immer wieder angeboten werden, sind die Mediterranen in der Regel ungeeignet. Auch Besitzer warmer Wintergärten (Seite 110ff.) sollten auf sie verzichten.

Hitze im Sommer und Kälte im Winter

Kalte Wintergärten bieten Mediterranen dagegen ideale Lebensbedingungen, denn sie fallen nicht generell unter die Energieeinsparverordnung (Seite 148f.). Aus Kostengründen werden deshalb bevorzugt Einfachgläser verwendet. Da sie kaum Isolierwert haben, kühlen die verglasten Flächen im Winter rasch und stark aus. Sie auf über 0°C zu heizen, wäre mit einem übermäßig hohen Energieaufwand verbunden. Deshalb verzichtet man einfach darauf! Denn selbst dauerhafte Minusgrade, die die Erde gefrieren lassen, sind für viele Mediterrane kein Problem, solange sie durch das Glas vor Wind und Niederschlägen geschützt sind. Dafür haben Einfachgläser aus Sicht des Pflanzenfans einen enormen Vorteil: Sie schlucken kaum pflanzenverfügbares Licht (Seite 20f.). So kommen die Pflanzen in den vollen Genuss sommerlicher Wärme und hoher Einstrahlungswerte. Da sogar Temperaturen von 40°C problemlos von Blättern und Wurzeln vertragen werden, sind Sie bei diesem Wintergartentyp nicht auf eine Schattierung angewiesen. Eine optimal dimensionierte Lüftung (Seite 24f.) reicht aus, um die Temperatur so zu drosseln, dass auch Sie sich im Sommer jederzeit wohl fühlen.

Strategien gegen Verdunstungsverluste

Pflanzen aus mediterranen Klimaregionen sind an die Hitze angepasst. Sie haben Strategien entwickelt, um die Kraft der Sonne zu brechen und Verdunstungsverluste zu reduzieren. Ihre Blätter sind behaart wie beispielsweise die der Zistrosen (*Cistus*, Seite 42), um eine isolierende Luftschicht um sich herum aufzubauen. Andere tragen ein derbes, ledriges Laub wie Lorbeer *(Laurus,* Seite 41) oder Myrte *(Myrtus,* Seite 42), um nicht unnötig Wasser abzugeben. Nicht umsonst spricht man bei ihnen von „Hartlaubgewächsen", die für den Mittelmeerraum so typisch sind. Oleander (*Nerium*, Seite 43) schützt seine Blätter, indem er die Spaltöffnungen tief im Blattinneren versenkt, über die er zum Beispiel Kohlendioxid (CO_2) aufnimmt und Feuchtigkeit abgibt. Wieder andere färben ihr Laub hellgrau, um die Sonnenstrahlung teilweise zu reflektieren und sich weniger stark zu erwärmen. Viele typische Mediterrane sind deshalb graulaubig, wie Olive *(Olea,* Seite 40), Rosmarin (*Rosmarinus*, Seite 55) oder „Stolz von Madeira" (*Echium*, Seite 53). Doch kann man daraus nicht schlussfolgern, dass diese Trockenkünstler kaum Wasser brauchen: Viele Mediterrane bilden am Naturstandort so tiefe Wurzeln aus, dass sie Grundwasser führende Schichten anzapfen können. Palmen zum Beispiel leben deshalb nur scheinbar auf dem Trockenen! Im Wintergarten brauchen auch sie reichlich Wasser.

Wussten Sie...

..., dass mediterranen Pflanzen ein Gießrhythmus mit größeren Abständen wohler tut als Dauerfeuchte? Lassen Sie die Erde bis zum nächsten Wässern gut abtrocknen. In heißen Sommern kann es sein, dass Sie dennoch täglich zum Schlauch greifen müssen, im Winter dagegen nur alle 10 bis 14 Tage.

TIPP

Mut zum südländischen „Laisser-faire"

Der mediterrane Gartenstil ist eines nicht: perfekt. Der Zahn der Zeit nagt an den Bodenbelägen, in den Fugen breiten sich Polsterpflanzen aus. Die Töpfe sind mit einer grün-weißen Patina überzogen und die Ornamente bröckeln, das Mobiliar hat Rostflecken. In der Nachlässigkeit liegt der Charme des Südens! Bei der Pflanzenwahl gilt deshalb: Was gefällt, ist auch erlaubt. Selten findet man im Mittelmeerraum durchgestylte Privatgärten, deren Blütenfarben und Wuchsformen so fein aufeinander abgestimmt sind, wie man es zum Beispiel aus England kennt. Vielmehr herrscht – abgesehen von repräsentativen Villengärten – im Privaten das Kunterbunte vor. Alle Farben des Regenbogens sind gleichzeitig vertreten und verbinden sich zu fröhlichen Arrangements voll heiterer Ungezwungenheit und Lebensfreude. Da der Pflegeaufwand für alle Topf- und Gartenpflanzen in den trockenen, mediterranen Sommern sehr hoch ist, beschränken sich Italiener, Griechen, Spanier oder Franzosen oft auf wenige, dafür besonders prachtvolle Solitärpflanzen. Wir können uns angesichts gemäßigter Sommer eine größere Anzahl an Pflanzen „leisten" und versorgen. Kosten Sie die Vielfalt in vollen Zügen aus, stellen Sie Ihren Wintergarten aber auch nicht so voll, dass Sie selbst darin keinen Platz mehr haben. Beginnen Sie mit wenigen Arten, deren Pflege Sie überblicken können. Mit wachsender Erfahrung kommen dann meist von allein mehr und mehr Arten hinzu. Dann bewährt es sich, trotz bescheidener Anfänge ein Gesamtkonzept parat zu haben, das schon vor dem Bau des Wintergartens angefertigt wurde.

Zum mediterranen Lebensstil gehören Sonne und Wärme. Fahren Sie deshalb Markisen und Schattierungen möglichst selten aus.

Mit allen Sinnen genießen

Wir erleben die Gärten des Mittelmeerraums nicht nur mit den Augen, sondern ebenso intensiv mit der Nase. Unzählige Gerüche prägen sich in unser Gedächtnis ein, von denen die herben zu den besonders typischen zählen. Wer Lorbeer, Myrte, Zistrose, Mittelmeer-Zypresse (*Cupressus sempervirens*) und Rosmarin pflanzt, braucht sich nur noch zurückzulehnen. Mit Hilfe der Düfte werden Sie in Gedan-

Nutzbäume, die immer top in Form sind

1 Feige
(Ficus carica)

Die unterschiedlich gebuchteten Blätter verströmen einen süß-herben Geruch, der einen sofort an Urlaub denken lässt. Und erst die Früchte: Frische Feigen sind so zuckersüß, dass man nur wenige davon auf einmal essen kann.
Pflege: Feigen brauchen im Topf viel Wasser und Dünger, obwohl kurze Trockenheit nicht schadet. Es empfiehlt sich, die Kronen jährlich vor dem neuen Austrieb zu stutzen, um die natürlicherweise geringe Verzweigung zu fördern.
Gesundheit: Feigen sind ausgesprochen robuste Pflanzen, die auch in der Hand von Einsteigern prächtig gedeihen. Schädlinge sind selten.
Verwendung: Am schönsten sind Feigen, die man einstämmig mit Krone erzieht. Sie spenden Schatten und ohne Blüten Früchte.

2 Olive
(Olea europaea)

Ein kalter Wintergarten ohne eine Olive ist wie ein Garten ohne Rosen. Mit seinem unterseits grauen, derben Laub, der hellgrauen Rinde und den grünen oder violetten Früchte verkörpert er „die" Mittelmeerpflanze schlechthin.
Pflege: Oliven kommen mit wenig Wasser und Dünger aus. Wassermangel zeigen sie mit eingerollten Blättern an. Damit sich die Kronen reich verzweigen und dicht werden, muss man gerade junge Pflanzen mehrmals im Jahr stutzen. Bei älteren genügen Korrekturschnitte.
Gesundheit: Am derben Laub vergreift sich kaum je ein Schädling.
Verwendung: Olivenbäume sind umso schöner, je älter und knorriger sie werden. In dauerwarmen, oftmals lichtarmen Wintergärten kümmern sie dagegen.

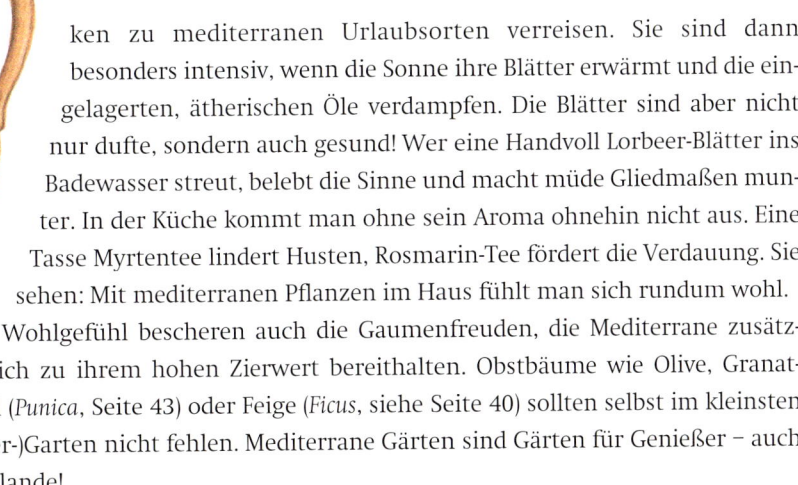

ken zu mediterranen Urlaubsorten verreisen. Sie sind dann besonders intensiv, wenn die Sonne ihre Blätter erwärmt und die eingelagerten, ätherischen Öle verdampfen. Die Blätter sind aber nicht nur dufte, sondern auch gesund! Wer eine Handvoll Lorbeer-Blätter ins Badewasser streut, belebt die Sinne und macht müde Gliedmaßen munter. In der Küche kommt man ohne sein Aroma ohnehin nicht aus. Eine Tasse Myrtentee lindert Husten, Rosmarin-Tee fördert die Verdauung. Sie sehen: Mit mediterranen Pflanzen im Haus fühlt man sich rundum wohl. Wohlgefühl bescheren auch die Gaumenfreuden, die Mediterrane zusätzlich zu ihrem hohen Zierwert bereithalten. Obstbäume wie Olive, Granatapfel (*Punica*, Seite 43) oder Feige (*Ficus*, siehe Seite 40) sollten selbst im kleinsten (Winter-)Garten nicht fehlen. Mediterrane Gärten sind Gärten für Genießer – auch hierzulande!

Stimmungsvolle Accessoires

Terracotta heißt übersetzt „gebrannte Erde" und gehört zum guten Ton jedes Wintergartens.

Südländische Pflanzen erfordern ein mediterranes Ambiente. Zwar ist bei der Gestaltung von Wintergärten im Grunde alles erlaubt, was gefällt, doch passen naturnahe Materialen am besten zum Flair des Südens. Statt silberfarbener Metallgefäße setzt man besser auf Tontöpfe, idealerweise auf Terrakotta-Fabrikate. Statt weißer Fliesen als Bodenbelag unterstreichen Terrakotta-Fliesen oder Holzpaneele die Wärme und Behaglichkeit, die der südländische Lebenstil auf uns ausstrahlt. Mit Kiesflächen, die beim Betreten knirschen, holt man sich Strand-Feeling nach Hause. Große Steine geben der Bepflanzung ein stärkeres Gewicht als Glaskugeln

3 Johannisbrotbaum
(Ceratonia siliqua)

Die bis zu 30 cm langen, braunen Fruchtschoten dieser im Alter knorrigen Großsträucher oder Bäume enthalten ein süßes, essbares Mark. Die grob gefiederten Blätter sind immergrün, die frischen im Frühjahr rot überlaufen. Die Blüten entspringen direkt dem Stämmen.
Pflege: Johannisbrotbäume brauchen wenige, aber konstante Wassergaben. Auf Schwankungen reagieren sie mit verbraunenden Blättern. Regelmäßiger Schnitt regt die anfangs sparrigen Kronen an, sich reicher zu verzweigen.
Gesundheit: Sie bleiben im kalten Wintergarten frei von Schädlingen.
Verwendung: Johannisbrotbäume sind attraktive Blattschmuck- und Fruchtbäume, die sich nicht in den Vordergrund drängen. Sie sind gute Begleiter und vermitteln zwischen auffälligen Nachbarpflanzen.

4 Lorbeer
(Laurus nobilis)

Seine aromatischen, glänzend immergrünen Blätter machen den Lorbeer zu einem Klassiker unter den mediterranen Pflanzen. Seine Kronen legen nur langsam an Höhe (bis zu 3 m) und Größe zu, spenden aber im Alter dichten Schatten.
Pflege: Die Wurzeln lieben den Wechsel zwischen reichlich Feuchtigkeit, bevor die Blätter schlappen, und weitgehendem Abtrocknen. Der Düngerbedarf ist mäßig.
Gesundheit: Im Winter sollte man auf Schild- oder Wollläuse achten.
Verwendung: Lorbeer macht mit streng geschnittenen Kronenformen die beste Figur. Als Kegel, Spirale oder Stämmchen zählt er zu den edelsten Solitärs. Ungeschnitten wächst er straff aufrecht und ist eher als Hintergrundpflanze geeignet, von der man jederzeit ein Blatt zum Kochen ernten kann.

5 Steinlinde
(Phillyrea angustifolia)

Auf den ersten Blick kann man diese Immergrünen leicht mit einer Olive verwechseln. Ihre Blätter sind jedoch schmaler und stärker grün gefärbt, die gelben Blütenbüschel duften lindenähnlich und die violettblauen Früchte sind klein und kugelig, aber sehr zahlreich.
Pflege: Mit kurzer Trockenheit kommen die Wurzeln bestens zurecht, bei lang anhaltender Dürre fällt das Laub jedoch ab. Die Regenerationskraft der Kronen ist enorm, so dass sich Pflegefehler rasch wieder auswachsen.
Gesundheit: Die derben Blätter sind für Schädlinge uninteressant.
Verwendung: Mit ihrer Ähnlichkeit passen Steinlinden hervorragend zu Oliven. Als Halb- oder Hochstämmchen mit kompakten Kronen sind sie besonders attraktiv. Die Früchte dienen als Vasenschmuck.

oder bunte Keramiken, die eher eine moderne Gestaltung unterstreichen würden. Der mediterrane Wintergarten gibt sich eher konservativ, ohne dabei jedoch altbacken zu wirken. Er ist immer fröhlich, warmherzig und der ideale Ort für schöne Accessoires von der Statue bis zum Wandbrunnen.

Pflanzen mit System

Planen Sie mindestens einen größeren Baum ein, in dessen Schatten man auch in der Mittagshitze „cool bleiben" kann.

Wichtig bei jeder Wintergartengestaltung ist die Höhenstaffelung der Pflanzen, sonst verdecken sich die Kronen gegenseitig. Hohe Sträucher kommen nach hinten, niedrige nach vorne. Bäume mit über 180 cm hohen Stämmen werden mittig gesetzt, damit sich ihre Kronen möglichst frei entfalten können. Kletterpflanzen sind ideale Hintergrundpflanzen, die an Kletterhilfen nackte Wände überziehen oder an mobilen Spalieren als Raumteiler dienen. Nicht vergessen sollte man die Bodendecker. Damit es Ihnen leichter fällt, für jede Gruppe geeignete Arten zu finden, wurden die Porträts in diesem Buch nach Wuchsgruppen unterteilt. Eine alphabetische Zusammenstellung finden Sie in den Tabellen der Seiten 142 ff.

Globetrotter mit Wahlheimat

Aufgepasst: Viele Pflanzen, die man als „typische Mittelmeerpflanzen" kennt, stammen aus anderen Erdteilen. Nehmen wir zum Beispiel die Zitruspflanzen (*Citrus*). Die meisten von ihnen sind ursprünglich in Südostasien beheimatet, doch schon vor Jahrhunderten in aller Welt in Kultur genommen worden – so auch im Mittelmeerraum, wo sie heute so weit eingebürgert sind, dass sie schon als Einheimische betrachtet werden. Der Klebsame (*Pittosporum tobira*) kam aus China und Japan

Dufte, diese Kleinsträucher!

1 Myrte
(Myrtus communis)

Diese Traditionspflanzen haben weit mehr zu bieten als aromatische Blätter, denen die Sonne ihr Aroma entlockt. Die weißen Pinselblüten sind von zarter Schönheit und erscheinen in einer solchen Fülle, dass man im Sommer glauben könnte, es schneit. Die Kronen sind sehr schnittverträglich und lassen sich zu formvollendeten Kugeln oder Stämmchen erziehen. **Pflege:** Myrten brauchen nicht viel, aber sehr regelmäßig Wasser. Ein Trockenfallen der Erde beantworten sie mit Blattfall, Nässe mit raschem Absterben. Mäßig düngen. **Gesundheit:** Die ölreichen Blätter bleiben weitgehend schädlingsfrei. Im Frühling zuweilen Blattläuse. **Verwendung:** Die kleinen bis mittelgroßen Sträucher sind ideale Begleitpflanzen für sonnige Plätze.

2 Zistrose
(Cistus)

Jede der weißen,- rosa- oder pinkfarbenen Blüten hält zwar nur einen Tag, doch die Knospen sprießen so zahlreich, dass der Flor viele (Früh-) Sommerwochen anhält. Das Laub ist samtweich oder rau und duftet bei Wärme herb-aromatisch. **Pflege:** Zistrosen brauchen reichlich Wasser. Bei drohendem Mangel warnen sie mit schlappen oder eingerollten Blättern. Wer rasch reagiert, wendet Verluste ab. Zistrosen sind sehr regenerationsstark und treiben immer wieder neu aus. **Gesundheit:** Am frischen Austrieb siedeln sich gerne Blattläuse an. **Verwendung:** Mit ihren vielen Arten und Sorten laden Zistrosen zum Sammeln ein. Ihr überhängender oder niedrig-buschiger Wuchs prädestiniert sie als Unter- und Beipflanzung in vollsonnigen Lagen.

Oleander im Wintergarten?

Oleander (*Nerium*) zählt zu den Klassikern unter den Mittelmeerpflanzen. Die Leuchtkraft seiner Blüten und die Unermüdlichkeit, den ganzen Sommer seinen Blütenflor zu zeigen, machen ihn so beliebt. Das Sortiment bietet neben rosafarbenen auch weiße, rote, gelbe, lachsfarbene und gefüllte Spielarten an. Doch was für den mediterranen Topfgarten auf Balkon und Terrasse ein Muss ist, ist für Wintergartenbesitzer nicht zu empfehlen. Zum einen sind Oleander unter Glas sehr **durstig** und verdunsten entsprechend viel Wasser, das sich vor allem in der kalten Jahreszeit in großen Mengen als Schwitzwasser an den Scheiben niederschlagen kann.

Ausgepflanzt in Grundbeeten verhalten sich die wüchsigen Büsche **aggressiv** gegenüber ihren Nachbarn, da sie reichlich Wurzelraum beanspruchen und um die Nährstoffe konkurrieren.
Oleanderblätter sind überdies sehr **anfällig** für Spinnmilben, wenn die Luftfeuchtigkeit im Hochsommer zu niedrig ist. Da die immergrünen Blätter lange an den Trieben haften, bleiben die Schäden, die durch die saugenden Spinnentiere entstehen, lange sichtbar und beeinträchtigen das Gesamtbild. Auch bei Schild- und Blattläusen sind Oleander sehr beliebt und können Nachbarpflanzen rasch anstecken, wenn man nicht stetig kontrolliert. Was Sie

generell berücksichtigen sollten: Da der Milchsaft des Oleanders **giftig** ist, dürfen Pflanzenteile keinesfalls in die Hände von Kleinkindern gelangen.

nach Südeuropa, wo er heute unzählige Gärten als Hecke, Busch oder Formschnittpflanze schmückt. Auch die Kreppmyrte (*Lagerstroemia indica*) ist ein Kind des Fernen Ostens, obwohl sie mit ihren spätsommerlichen Blütenrispen zu den am weitesten verbreiteten Alleebäumen Norditaliens zählt. Die Bougainvilleen waren in Brasilien zu Hause, bevor man mit der Züchtung begann und unzählige Farbsorten hervorbrachte (siehe Kasten Seite 44). Und nicht zuletzt stammt bis auf zwei Ausnahmen keine der vielen Palmen aus dem Mittelmeerraum (Seite 72ff.).

Großsträucher, die Ihre Sinne verwöhnen

3 Granatapfel
(*Punica granatum*)

Nicht nur die Frucht dieser Großsträucher ist eine Wucht. Auch die glockenförmigen, knallroten Blüten sind eine Pracht. Die Sorte 'Nana' unterscheidet sich erheblich von der Fruchtform: Sie blüht bereits in jungen Jahren sehr reich und setzt viele, aber sehr kleine Früchte an und erreicht kaum mehr als 80 cm Höhe, die Fruchtform 3 bis 4 m.
Pflege: Das Laub der Granatäpfel ist natürlicherweise sehr hell und zart. Da die sommergrünen Büsche sehr genügsam sind, düngt man nur mäßig. Der Wasserbedarf ist im Sommer recht hoch, während der laublosen Wintermonate gering.
Gesundheit: An den frischen Blättern im Frühling häufig Blattläuse.
Verwendung: Dicht verzweigte, fruchtende Kronen sind ein Augen- wie Gaumenschmaus.

4 Erdbeerbaum
(*Arbutus unedo*)

Die immergrünen Kronen schmücken sich im Herbst mit Trauben weißer Blütenglöckchen, die sich bis zum Folgesommer in zunächst gelbe, dann orangefarbene und schließlich rote Früchte verwandeln, die wie Erdbeeren aussehen und essbar sind. Die glänzenden Blätter sind am Rand rot gezähnt.
Pflege: Nur eines kann die Hartlaubgewächse in Kürze umbringen: Staunässe, die ihre Wurzeln faulen lässt. Halten Sie die Erde deshalb gerade erdfeucht. Der Düngebedarf ist mäßig.
Gesundheit: Die großen Sträucher oder kleinen Bäume haben einen Hauptfeind: Blattläuse, die sich an den frischen Sprossen gütlich tun.
Verwendung: Da sie Halbschatten vertragen, sind sie schöne Begleitpflanzen mit hohem Zierwert.

5 Mastixstrauch
(*Pistacia lentiscus*)

Die grob gefiederten, je nach Sonnenintensität rötlich überlaufenen Blätter verströmen einen herben Duft, wie er typisch für die Macchia-Landschaften des Mittelmeerraums ist. Die Kronen lassen sich durch regelmäßigen Schnitt zu kompakten Kugeln trimmen.
Pflege: Die immergrünen Triebe, aus denen das bekannte Mastix-Harz gewonnen wird, kommen mit kurzfristiger Trockenheit gut zurecht, mit Staunässe dagegen nicht. Der Düngerbedarf der 2 bis 3 m hohen Sträucher ist mäßig.
Gesundheit: Bei sommertrockener Luft auf Spinnmilben achten.
Verwendung: Bei regelmäßigem Schnitt eignen sich Mastix als Unter- oder Vorpflanzung. Ohne Schnitt wachsen sie zu Solitärs mit rotem Fruchtschmuck heran.

Bougainvilleen – sie leben hoch!

Der komplizierte Name dieser Kletterpflanzen geht auf ihren **Entdecker** Louis-Antoine Comte de Bougainville zurück. Zunehmend setzt sich der Name „Drillingsblume" durch, denn die farbigen Hochblätter, mit denen die Brasilianerinnen in aller Welt ganze Häuserwände überziehen, stehen stets zu dritt beisammen. In ihrer Mitte umschließen sie die eigentlichen, gelblich-weißen Blüten.

So schön die roten, orangefarbenen, gelben und weißen Spielarten (*Bougainvillea*-Hybriden) auch sind – sie alle stellen höhere Temperaturansprüche als die ursprüngliche, violette Form (*Bougainvillea glabra*). Letztere wirft im Winter zumeist ihr gesamtes Laub ab und toleriert zwschen 0 und 5°C, solange die Erde wenig feucht gehalten wird. Die bunten Sorten, die es sogar in gefüllten Variationen gibt, sollten nicht kälter als 10°C stehen und eignen sich daher für temperierte Wintergärten (Seite 82ff.). Drillingsblumen werden oft als Dauerblüher angepriesen. Richtiger ist, dass sie in **Schüben** mehrmals pro Jahr blühen. Zwischen den Blütenphasen trocknen die Hochblätter wie Pergament ein. Immer dann sollten Sie zur Schere greifen und den frischen Zuwachs seit dem letzten **Schnitt** oder seit dem Neuaustrieb im Frühjahr um die Hälfte einkürzen. Sonst werden die stracks nach oben strebenden, mit Dornen bewehrten Triebe immer länger – und Sie können die endständigen Blüten bald nur noch mit der Leiter betrachten. Beim Rückschnitt können Sie gar nichts falsch machen: Bougainvilleen sind so schnittverträglich, dass man sie sogar zu kleinen Kugelsträuchern oder **Halbstämmchen** formen kann. Bougainvilleen sind sehr pflegeleicht. Wie die meisten Wintergartengäste vertragen sie nur eines nicht: dauernasse Erde. Sie hat baldige **Wurzelfäulnis** und den Tod zur Folge. Gießen Sie maßvoll und düngen Sie von März bis November nur alle zwei Wochen.

Von Lückenfüllern und Bodendeckern

1 **Mittelmeer-Schneeball**
(Viburnum tinus)

Die Blütezeit dieser immergrünen, mittelgroßen Sträucher fällt entweder in die Spätherbst- oder Frühjahrsmonate – oder in beides! Die weißen Blütendolden sind nur ein Vorgeschmack auf den metallischen Glanz der blauen Zierfrüchte, die nach ihnen kommen und die kompakten Kronen schmücken.
Pflege: Mittelmeer-Schneebälle sind ausgesprochen robuste Mediterrane, die kaum einen Pflegefehler übel nehmen. Selbst mit Halbschatten kommen die idealen Einsteigerpflanzen bestens zurecht. Schnitt ist möglich, aber nicht jährlich nötig (nur Korrekturen).
Gesundheit: Blattläuse treten gelegentlich, aber nicht regelmäßig auf.
Verwendung: Wer einen attraktiven Lückenfüller sucht, ist mit diesen Naturburschen gut beraten.

2 **Silberblatt**
(Convolvulus cneorum)

Wer graulaubige Pflanzen schätzt, kommt an den langen Trieben dieses Halbstrauchs nicht vorbei, die sich im Hochsommer mit weißen Trichterblüten schmücken.
Pflege: Die graue Farbe der samtig überzogenen Blätter zeigt, dass die Europäer an vollsonnige Bedingungen angepasst sind. Ein südexponierter Wintergarten ist für sie ideal. Zu wenig Licht lässt sie dagegen vergrünen. Im Februar vor dem neuen Austrieb kürzt man die langen Triebe ein, um Platz für den Nachwuchs zu schaffen. Die Ansprüche an die Wasser- und Nährstoffversorgung sind mäßig.
Gesundheit: In seltenen Fällen treten Schild- oder Wollläuse auf.
Verwendung: Bodendecker oder Ampelpflanze, die gut zu anderen Graulaubigen wie Oliven passt.

3 **Kapernstrauch**
(Capparis spinosa)

Bei diesen sommergrünen, Boden deckenden oder herabhängenden Sträuchern fällt die Entscheidung schwer: Soll man die Blütenknospen ernten und als Kapern in Essig einlegen, oder sollte man sie aufblühen lassen und sich an der bizarren Schönheit erfreuen?
Pflege: Egal, wie Sie entscheiden: die Bildung von Blütenknospen erfordert viel Sonne, aber nur wenig Wasser. Kapernsträucher wachsen im Mittelmeerraum aus Mauerritzen hervor. Die Erde sollte sehr durchlässig sein (1/3 Kies).
Gesundheit: Die winterkahlen Kronen bleiben von Fressfeinden verschont. Die Triebe trocknen im Winter natürlicherweise zurück. Sie werden im Frühjahr ersetzt.
Verwendung: Interessante Bodendecker oder Ampelpflanzen.

Ein Wintergarten für Einsteiger

Aufgrund der niedrigen Wintertemperaturen legen die Pflanzen in kalten Wintergärten eine Ruhephase ein. Auch Schädlinge haben in der kalten Jahreszeit Pause. Und noch besser: Die meisten von ihnen erfrieren. Es gibt deshalb keinen Wintergartentyp, in dem man weniger Last mit Schädlingen hätte! Obendrein werfen einige Arten ihr Laub ab und sind damit für saugende Insekten völlig uninteressant. Auch die Pflege ist im Winter einfacher als in beheizten Glashäusern. Die Pflanzen verbrauchen sehr wenig Wasser. Gedüngt wird ab Ende August nicht mehr, damit die Triebe ausreifen und kältefester werden. Erst Ende Februar, zu Beginn der neuen Wachstumsperiode, sind wieder regelmäßige Nährstoffgaben gefragt (Seite 151). Die günstigste Zeit für den Rückschnitt ist im Februar und März, kurz bevor die Pflanzen – von der Frühlingssonne geweckt – frisch austreiben.

Allerdings muss man bei ungeheizten Wintergärten rechtzeitig alle Wassergefäße, Rohre und Schläuche leeren, denn hier besteht die Gefahr von Frostschäden. Gefrierendes Wasser dehnt sich aus und sorgt im Inneren geschlossener Behälter für beachtlichen Druck, der zu Materialrissen führen kann. Haben Sie beispielsweise vor, eingebaute Heizkörper aus Kostengründen nicht zu nutzen, müssen sie abgeriegelt und völlig entleert werden.

> **Weitere Bodendecker für den kalten Wintergarten**
>
> Blaue Winde *(Evolvulus evolvuloides)*,
> Greiskraut *(Brachyglottis greyi)*
> Chinesische Bleiwurz *(Ceratostigma plumbaginoides)*
> Mäusedorn *(Ruscus aculeatus)*
> Drahtwein *(Muehlenbeckia complexa)*

Kletterpflanzen für's Kühle

4 Trompetenblume
(Campsis radicans)

Im Sommer sind die dicht beblätterten, mit feurigen Blüten besetzten Triebe blickdicht. Im Winter fällt das Laub zu Boden und lässt die wertvollen Sonnenstrahlen herein.
Pflege: Für die langen Triebe ist nicht zwingend ein stabiles, der Sonne zugewandtes Klettergerüst vonnöten. Sie können sich mit Hilfe von Haftwurzeln selbst festhalten. Das üppige Sommerlaub verbraucht reichlich Wasser. Es empfiehlt sich eine Langzeitdüngung im Frühjahr, die im Sommer aufgefrischt wird. Ein frühjährlicher, kräftiger Rückschnitt der Seitentriebe hält die Pflanzen blühfreudig.
Gesundheit: Am jungen Laub sitzen im Frühjahr zuweilen Blattläuse.
Verwendung: Wer nach einem sommerlichen Sichtschutz für den Wintergarten sucht – das ist er!

5 Echter Wein
(Vitis vinifera)

Oft ist es das Naheliegende, das uns so fern erscheint. Doch was könnte besser in einen mediterranen Wintergarten passen als ein Weinstock, von dem die süßesten Trauben herabhängen?
Pflege: Wer vor allem Wert auf die Früchte legt, sollte Wein einen vollsonnigen Platz unterm Dach oder an den Seitenwänden bieten. Ein jährlicher, kräftiger Rückschnitt im Januar garantiert den jährlichen Ernte-Erfolg, da nur die jungen Triebe fruchten. Für das vielgestaltige Laub als Schmuck braucht man dagegen keinen regelmäßigen Schnitt und weniger Licht.
Gesundheit: Durch geöffnete Fenster können Pilzsporen (Mehltau) und Blattläuse eindringen.
Verwendung: Schön als Wandbegrünung oder Baldachin.

Die Vielfalt der **Zitruspflanzen**

Zitrusblüten brauchen keine Bestäubersorte als Nachbarn. Deshalb ist eine kleine, aber feine Ernte jedem sicher!

Bei „Zitruspflanzen" denkt man unwillkürlich an Zitronen, doch zu den Zitruspflanzen (*Citrus*) zählen weit mehr: Bergamotte, Grapefruit, Kumquat, Limette, Orange oder Pampelmuse. Mit ihren gelben, orangefarbenen oder grünen Schalen verheißen sie nicht nur süße oder saure Gaumenfreuden – sie sind auch ein Augenschmaus. Die duftenden, reinweißen Blüten können bis zu 3 cm Durchmesser erreichen. Das sattgrüne, glänzende Laub, das reichlich ätherische Öle enthält, entfaltet bei intensiver Sonneneinstrahlung ein angenehmes Aroma. Während die Blätter das ganze Jahr erhalten bleiben, erscheinen die Blüten je nach Art und Sorte zu den unterschiedlichsten Jahreszeiten, z.B. bei Orangen vorwiegend im Frühjahr, bei Kumquat im Herbst, bei Zitronen ganzjährig. Der Blütenbeginn hängt wesentlich vom Standort (Temperatur, Helligkeit) und der Konstitution der einzelnen Pflanzen ab und kann von Jahr zu Jahr variieren. Auch die Reifezeit der Früchte ist verschieden. Kleine Früchte wie die Calamondin-Orangen sind binnen drei bis vier Monaten erntereif, große wie die Zitronatzitronen, die bis zu 2 kg schwer werden können, brauchen dagegen oft 18 bis 24 Monate bis zur Reife.

Achten Sie auf veredelte Pflanzen. Sie garantieren Ihnen beste Fruchtqualität und Sortenechtheit.

In der Sonne gereift

Zitruspflanzen lieben vollsonnige Standorte. Denn obwohl Zitruspflanzen im Winter durchaus Temperaturen unter 5°C, ja viele sogar darunter vertragen, blühen und fruchten sie besonders reich, wenn die Sommertemperaturen möglichst hoch

Kleinfrüchtige Zitruspflanzen mit hohem Zierwert

Name	Frucht	Wuchs
Calamondin (× *C. mitis*)	orange, flachrund, saftlos	klein, kompakt
Chinotto (*C. aurantium* var. *myrtifolia*)	orange, mandarinengroß	dichtblättrig, im Alter hängend
'Kucle' (*C.*-Hybride)	orange, birnenförmig, sauer	klein, kompakt
Kumquat (*Fortunella*)	orange, süße Schale essbar	klein, langsamwüchsig
Saure Limette (*C. aurantiifolia*)	grün, saftreich, sauer	klein, locker
Süße Limette (*C. limettoides*)	gelb, mit milder Säure	klein, locker

Mittelgroße Zitrusfrüchte

Name	Frucht	Wuchs
Bergamotte (*C. bergamia*)	orange, Schale ölreich	groß, locker, rasch wachsend
Mandarine (*C. reticulata*)	orange, flachrund, saftig	groß, schmalblättrig, dicht
Orange (*C. sinensis*; Bild oben)	orange, rund, saftig	groß, geflügelte Blätter, dicht
Pomeranze (*C. aurantium*)	orange, Schale ölreich	mittelgroß, kompakt
Satsuma (*C. unshiu*)	orange, kernlos	mittelgroß, licht
Volkamer-Zitrone (*C. volkameriana*)	orange, zipfelig wie Zitrone	mittelgroß, licht
Zitrone (*C. limon*)	gelb, sauer	groß, ausladend

liegen. Hitze macht den Kronen der in vielen mediterranen und subtropischen Gebieten der Erde angebauten Ostasiatinnen nichts aus. Die Wurzeln sollten allerdings nicht überhitzen. Sorgen Sie deshalb für leichten Schatten im Wurzelbereich!

Einfach pflegeleicht

Zitronen garantieren auch in unserem Klima beste Ernten, da mangelnde Süße nicht schadet. Im Gegenteil: je saurer, umso besser!

Immer wieder hört man, wie „kompliziert" Zitruspflanzen seien. Dagegen zählen sie zu den pflegeleichtesten Wintergartengästen überhaupt, wenn man nur eine Regel beachtet: Gießen Sie nicht zu viel! Das einzige, was die edlen und langlebigen Multitalente umbringen kann, ist dauernasse Erde, die zu Wurzelfäulnis führt. Gießen Sie deshalb erst, wenn der Boden gut abgetrocknet ist. Bei beginnendem Wassermangel rollen sich die Blattränder ein. Reagiert man nicht rechtzeitig und die Kronen werfen ihr Laub ab, ist nichts verloren. Schon vier Wochen später werden trocken gefallene Pflanzen wieder sprießen, vernässte bekommen dagegen immer mehr braune bis schwarze Zweige und gehen ein. Ein zweiter, häufiger Fehler, der Besitzern kalter Wintergärten jedoch nicht passieren kann, ist winterlicher Lichtmangel. Als Zimmerpflanzen hinter der Gardine sind Zitruspflanzen auf Dauer ungeeignet! Im Wintergarten aber wachsen sie maßvoll zu dichten Büschen oder kleinen Bäumen heran, die man im Februar oder März in Form schneiden kann. Wagen sich bereits während des Sommers einzelne Triebe zu weit aus den Kronen hervor, kürzt man sie sofort ein, ohne dabei jedoch Früchte oder Blüten zu entfernen. Denn diese sollen ja Ihnen zugute kommen!

Große Zitrusfrüchte

Name	Frucht	Wuchs
Grapefruit (*C. x paradisi*)	gelb, bis 8 cm, bitter	groß
Pampelmuse (*C. maxima*)	gelb, bis 12 cm	mittelgroß
Zitronatzitrone (*C. medica*)	gelb, bis 20 cm	mittelgroß
Pomelo (*C.*-Hybride)	gelb, bis 15 cm	groß

Außergewöhnliche Zitrusfrüchte und -pflanzen

Deutscher Name	Botanischer Name	Frucht
Buddha's Hand	*C. medica* 'Digitata'	wie Finger zerteilt
Dreiblättrige Orange	*Poncirus trifoliata*	pelzige Schale; Pflanzen frosthart
Gefurchte Pomeranze	*C. aurantium* 'Canaliculata'	mit Leisten und Furchen besetzt
Gehörnte Pomeranze	*C. aurantium* 'Corniculata'	hornartige Schalen-Fortsätze
Kaffir-Limette	*C. hystrix*	runzelige Schale
Panaschierte Calamondin	*C. mitis* 'Variegata'	grüngelb gestreift

Früchtespaß unter Glas

Die Wochenmärkte im Mittelmeerraum präsentieren unzählige Köstlichkeiten, die man hierzulande nicht oder nur sehr schwer und zu hohen Preisen bekommt: Brustbeeren, Opuntienfrüchte, frische Feigen, Wollmispeln oder Kaki. Wer einen Wintergarten hat, braucht auf diese Leckerbissen künftig nicht mehr zu verzichten: Die dazugehörigen Pflanzen gedeihen unter Glas auch hierzulande und garantieren jedes Jahr eine kleine, aber feine Ernte.

Im Flug befruchtet

Die Mehrzahl der vorgestellten Fruchtgehölze ist selbstfertil, das heißt, die Blüten eines Baumes können sich gegenseitig bestäuben und befruchten. Ausnahmen sind die **Pistazien** (*Pistacia vera*), bei denen nur Paare aus männlichen und weiblichen Pflanzen an letzteren Nüsse versprechen. Bei der **Kiwi** (*Actinidia*, Seite 51) ist ebenfalls mindestens ein männliches Exemplar vonnöten, damit weibliche Kiwis ihre pelzigen Vitaminbomben ansetzen können. Neuere Züchtungen wie 'Jenny' sind jedoch selbstfruchtbar. Während bei den **Wildfeigen** (*Ficus*, Seite 40) noch Gallwespen dafür verantwortlich sind, dass sich nach den Vorfrüchten die eigentlichen Früchte bilden, kommen heutige Züchtungen ohne die Hilfe dieser Insekten aus. Kulturfeigen setzen ganz ohne Blüten und Bestäuber Feigen an. **Oliven** (*Olea*, Seite 40) sind vielfach auf eine zweite Sorte als Pollenspender angewiesen. Es gibt jedoch auch Sorten, die ohne Partner auskommen wie 'Frantoio', 'Itrana', 'Pendolino', 'Leccino', 'Cipressino' oder 'Maurino', die in Italien verbreitet sind und vorwiegend zur Ölgewinnung, nicht als Tafel-Oliven verwendet werden.

Auch bei selbstfertilen Obstbäumen steigert ein Mix verschiedener Sorten den Fruchtansatz.

Für die Bestäubung sind je nach Pflanzenart der Wind oder Insekten zuständig. Beide können im Wintergarten Mangelware ein, vor allem im Spätwinter, wenn täglich nur kurz gelüftet wird. Frühblüher wie die **Mandeln** (*Prunus dulcis*), zeigen dann trotz reicher Blüte (oft schon im Februar) keinerlei Fruchtansatz und man muss auf die ölreichen Nüsse verzichten, die wie Kastanien von einer harten und einer fleischigen Schale umgeben sind. Alternativ bestäubt man die Blüten deshalb von Hand. Dazu betupft man mit einem feinen Haarpinsel oder Wattestäbchen sachte und nacheinander die Stempel und Staubgefäße der Blüten – wie eine Biene, die von Zweig zu Zweig fliegt. Bei Windbestäubern wie der Olive hilft es, die Kronen zu schütteln, damit der Pollen herausrieselt und über kurze Luftstrecken verteilt wird.

Die Früchte der Wollmispel schmecken melonig-mild.

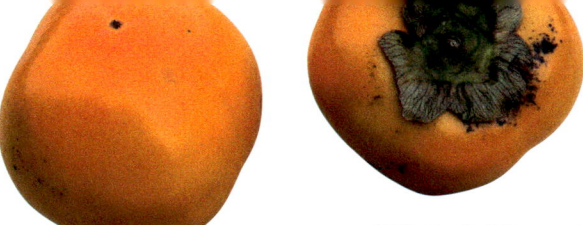

Mit Geduld zum Ziel

Da in unserer Breitengraden die Saison kürzer und weniger sonnen-
intensiv ist als im Mittelmeerraum, brauchen die Früchte hierzulande zum Ausreifen etwas länger. Ein Platz im Wintergarten ist
für die Ernte deshalb ideal, da die Früchte im Schutz des Glases bis
weit in den Herbst und Winter hinein weiterreifen können. Die
Obstgehölze brauchen das ganze Jahr über nicht mehr Aufmerksamkeit als Zierpflanzen. Düngen Sie regelmäßig und achten Sie darauf, dass
die Erde nicht austrocknet oder
über längere Zeit zu nass ist. Auf Störungen reagieren Blütenpflanzen mit
dem Abwurf der Blüten, Fruchtgehölze
leider zuerst mit dem Abwurf ihrer
Fruchtansätze. Denn sie sind am ehe-
sten verzichtbar, während dem Erhalt
von Kronen und Wurzeln oberste Prio-
rität zukommt. Der Flor bei Blütenpflanzen bildet sich bald nach, auf
neue Fruchtansätze muss man bis
zum nächsten Jahr warten.

*Kaki-Bäume
mit ihren oran-
gefarbenen
Frucht-Delika-
tessen vertra-
gen sogar
strengen Frost.*

Vollreif und vollmundig im Geschmack

Die Früchte schmecken umso besser, je länger sie am Baum reifen können. Bei
eigenen Obstgehölzen zu Hause haben Sie den unschätzbaren Vorteil, die Früchte
bis zur Vollreife hängen zu lassen. Handelsobst ist dagegen oft schon lange vorher
gepflückt worden und auf dem Transportweg nach Europa gereift. Doch nur natur-
reife Früchte haben den vollen Geschmack. Bei **Kakis** (*Diospyros*, Seite 50) beispielsweise findet man hierzulange meist Handelsware der Sorte 'Sharon' aus Israel
angeboten. Die Früchte sind festfleischig und vergleichsweise fad im Geschmack.
Selbst geerntete Kakis italienischer Sorten wie 'Tipo' und 'Vainiglia' oder japani-
scher Sorten wie 'Hanafuyo' oder 'Jiro' sind jedoch so saftig, dass das fruchtige,
mild-säuerliche Fleisch herausquillt, sobald man die Schale einschneidet. Ohne
Auffangteller würde die Hälfte verloren gehen. Die Üppigkeit der Früchte ist allerdings auch der Grund, warum man sie hierzulande nicht kaufen kann: sie sind zu
druckempfindlich.

*Ob Einbildung
oder Wirklich-
keit: selbst ge-
erntete Früchte
schmecken
doch immer
am besten!*

So machen Sie immer einen guten Schnitt

Fremdländische Obstgehölze brauchen im Grunde keine andere Kronenpflege als
heimische Obstbäume wie Apfel oder Birne. Sie würden auch ohne unser Eingreifen wachsen und gedeihen – aber nicht ganz so viele Früchte tragen. Der Schnitt
hat zum Ziel, die Kraft der Pflanzen in die Blüten- und Fruchtbildung zu lenken
und dafür das Triebwachstum zu zügeln. Bei älteren Bäumen kommt die Verjün-
gung hinzu. Dabei wird altes, abgetragenes oder schwaches Fruchtholz entfernt,

um Platz für neues zu schaffen. Wie im Garten, so gilt auch im Wintergarten als Schnittregel: lieber jedes Jahr ein bisschen, als alle paar Jahre kräftig schneiden. Bedenken Sie, dass jeder verspätet gekappte Trieb eine Menge Energie für sich beansprucht, die vielleicht in eine Frucht hätte fließen können. Während es über den heimischen Obstbaumschnitt reichlich Literatur gibt, ist man beim Schnitt außereuropäischer Arten auf sich allein gestellt. Um zu lernen, wie das Fruchtholz der einzelnen Arten aussieht, sollte man es sich genau anschauen, wenn es mit Früchten besetzt ist. Dann erkennen Sie es jederzeit wieder, auch wenn die Kronen laublos sind. Der Schnittzeitpunkt hängt von der jeweiligen Art ab. Immer richtig liegen Sie, wenn man direkt nach der Ernte zur Schere greift. Ein Frühjahrschnitt wie beim Apfel wäre bei der Wollmispel (*Eriobotrya*) grundverkehrt, da sie im Herbst blüht und ab Frühjahr fruchtet. Für die anderen, hier vorgestellten Arten, einschließlich Granatapfel (*Punica*, Seite 43), Feige (*Ficus*, Seite 40) und Olive (*Olea*, Seite 40) hält man dagegen im Spätwinter (Februar/März) einen Schnitttermin frei.

Reinigen und desinfizieren Sie die Klingen Ihrer Schere vor und auch während des Schnitts immer wieder gründlich, um keine Infektionen zu übertragen.

Da weiß man, was man isst

Anders als bei gekauften Früchten weiß man bei der eigenen Ernte, ob die Schalen Pflanzenschutzreste beinhalten oder nicht. Denn Sie selbst bestimmen, ob, wann und welche Mittel eingesetzt werden, um möglicherweise auftretende Schädlinge zu dezimieren. Am unbedenklichsten sind altbewährte Hausmittel wie die Spiritus-Schmierseifen-Lösung (Seite 154) oder der Einsatz von Nützlingen. Kommen dennoch Pflanzenschutzmittel zum Einsatz, dürfen Sie nur die sowohl für Zierpflanzen unter Glas als auch für unsere heimischen Obstgehölze zugelassenen Präpa-

Mittelmeer-Früchte zu Hause ernten

1 Kaki
(Diospyros kaki)

Die Kronenform dieser aus China und Japan stammenden Bäume erinnert an Birnen. Die Frühsommerblüten sind gelb-grün gefärbt. Bis zum Herbst reifen daraus orangegelbe Früchte heran, deren Fleisch geleeartig und saftreich ist.
Pflege: Durch ihre große Blattmasse verdunsten Kakis, auch Dattelpflaumen oder Persimmon genannt, im Sommer reichlich Wasser. Die Erde sollte aber nicht über längere Zeit nass sein (Wurzelfäulnis). Der Düngebedarf ist trotz des Fruchtansatzes mäßig. Im Winter sind die Kronen kahl.
Gesundheit: Es können Pilzkrankheiten auftreten, wenn die Luftfeuchte zu hoch ist.
Verwendung: Das mild schmeckende Fruchtfleisch löffelt man am besten aus der Schale heraus.

2 Wollmispel
(Eriobotrya japonica)

Wollmispeln ziehen allein schon mit ihren bis zu 25 cm langen Blättern die Blicke auf sich. Im Herbst kommen weiße Blütenkerzen hinzu, die mit einem weichen Flaum überzogen sind. Bis zum Folgesommer reifen daraus mirabellenartige Früchte heran (Bild S. 48).
Pflege: Wollmispeln verdunsten sehr viel Wasser und wollen regelmäßig durchdringend gewässert werden. Der Düngebedarf ist angesichts des jährlichen Kronenzuwachses hoch. Ein Rückschnitt wird bei Bedarf nach der Ernte im Sommer durchgeführt.
Gesundheit: Die Blätter werden zuweilen von Pilzen befallen. Kränkelnde Blätter werden umgehend abgenommen und entfernt.
Verwendung: Die Früchte schmecken frisch vom Baum am besten.

rate verwenden, die für die Bekämpfung der Krankheit oder des Schädlings ausgewiesen sind. Halten Sie die Wartezeiten ein, wie sie in den Anwendungshinweisen auf den Verpackungen vorgeschrieben sind. In dieser Zeit wird ein Großteil der wirksamen Substanzen abgebaut und der Verzehr der Früchte ist unbedenklich.

Veredeln Sie Ihren exotischen Obstgarten

Natürlich kann man jedes Obst aus seinen Fruchtkernen heranziehen. Doch das Ergebnis ist unkalkulierbar. Samenvermehrte Pflanzen sind genetisch nicht identisch mit ihren Eltern. Sie blühen vielleicht schwächer, sehr viel später oder erreichen nicht die erhoffte Fruchtqualität. Die bessere Alternative sind veredelte Pflanzen. Dabei wird eine so genannte „Unterlage" verwendet. Bei Wollmispeln sind dies häufig Quitten (*Cydonia*), bei der Olive zumeist Wildarten, bei den Zitruspflanzen bestimmte Arten, z.B. Dreiblättrige Orange (*Poncirus trifoliata*), Bitterorange (*Citrus aurantium*) oder Volkamers Zitrone (*Citrus volkameriana*). Sie bilden später die Wurzeln und die Stammbasis. Für den Kronenaufbau aber wird ein „Edelreis" oder „Auge" verwendet, das man einer bewährten Sorte entnimmt. Es wird durch spezielle Veredlungstechniken auf oder in die Unterlage gesetzt (z.B. Okulation, Kopulation). Da nicht jedes Edelreis mit der Unterlage eine erfolgreiche Verbindung eingeht, führt man niemals eine einzige Veredlung, sondern immer gleich mehrere durch. Der Vorteil: Veredelte Pflanzen tragen sehr frühzeitig Früchte, da sie durch die Unterlage einen deutlichen Altersvorsprung haben. Und sie fruchten in zumeist genau der gleichen Qualität wie ihre Eltern. Der höhere Preis für veredelte Pflanzen macht sich also in jedem Falle bezahlt.

Das Veredeln überlässt man in der Regel einem Fachmann, da es unter keimarmen Bedingungen erfolgen sollte.

3 Chinesische Dattel
(Ziziphus jujuba)

Ebenfalls aus Ostasien stammt dieser lockerkronige Baum, den man auch Brustbeere nennt. Die Frühsommerblüten sind grüngelb, klein und unscheinbar. Die Früchte sind walnussgroß und zur Vollreife kakaobraun gefärbt.
Pflege: Die frischgrün belaubten Kronen brauchen nur mäßige Wassergaben. Die Erde sollte jedoch nicht austrocknen, obwohl die robusten Bäume selbst dies nicht übel nehmen. Planen Sie für die mehrere Meter hohen Kronen Platz ein.
Gesundheit: Bei Lufttrockenheit im Sommer siedeln sich in seltenen Fällen Spinnmilben an.
Verwendung: Das Fruchtfleisch ist apfelähnlich fest, jedoch im Geschmack nicht mit einer bekannten Frucht vergleichbar. Es vereint diverse Geschmacksrichtungen.

4 Kiwi
(Actinidia)

„Kiwis kommen aus Neuseeland" heißt es. Doch längst nicht alle: Immer mehr stammen aus den heimischen Gärten und Wintergärten, denn Kiwis sind frosttolerant. Allerdings klappt es nur, wenn man eine selbstfruchtende Sorte (z.B. 'Jenny') oder eine männliche Pflanze zur Bestäubung der weiblichen pflanzt.
Pflege: Das dichte, raue Blattwerk verdunstet im Sommer reichlich Wasser, das in großen Portionen nachgefüllt wird. Dazwischen sollte die Erde abtrocknen. Um die Kraft der Schlingpflanzen in die Fruchtentwicklung zu lenken, kappt man die Triebe im Juni 5 bis 7 Blätter hinter dem letzten Fruchtansatz.
Gesundheit: Das raue Laub ist keine Delikatesse für Schädlinge.
Verwendung: Das grüne, vitamin-C-reiche Fleisch wird ausgelöffelt.

Machen Sie einfach mal **Blau**

Im Hintergrund tummeln sich Mönchspfeffer, Schmucklilie, Bleiwurz und Lavendel. Der Palisander- baum dominiert die Mitte, wäh- rend Rosmarin den Mini-Teich begleitet.

Die bunte Vielfalt des mediterranen Wintergartens ist nicht jedermanns Sache. Wer es klarer möchte, ist mit einer Gestaltung besser beraten, die auf das Spiel mit einer oder wenigen miteinander harmonierenden Blütenfarben setzt. Da Blau die Lieblingsfarbe von beinahe der Hälfte aller Europäer ist, hier ein Gestaltungsvor- schlag zu „Farbmonochromen Wintergärten" anhand der Farbe Blau.

Blau ist eine kühle Farbe, die Ruhe und Tiefe in die Gestaltung bringt – genießen Sie's!

Blaue Blüten – das ganze Jahr

Wer auf Blau als vorrangige Blütenfarbe im Wintergarten setzt, sollte darauf ach- ten, dass sie auch wirklich die ganze Saison hindurch auftritt. Sie dürfen nicht schon im Frühling Ihr ganzes „Pulver verschießen". Deshalb sucht man zunächst nach Dauerblühern wie der Bleiwurz (*Plumbago*, Seite 54). Die Belegung der Früh- jahrs- und Sommermonate ist mit Stolz-von-Madeira (*Echium*, Seite 53), Schmuck- lilie (*Agapanthus*, Seite 54) und Blauem Hibiskus (*Alyogyne*, Seite 54) rasch gefunden.

Doch auch der Spätsommer und Herbst möchte gefüllt sein. Da kommt der Mönchspfeffer (*Vitex*, Seite 55) mit seinen August- und September-Rispen gerade zur rechten Zeit. Der Rosmarin (*Rosmarinus*, Seite 55) ist im kalten Wintergarten unverzichtbar, denn er zeigt hier seinen Flor bereits im Februar und März – zu einer Zeit also, da Blüten Mangelware sind und gleichzeitig so sehnlich erwartet werden.

Die richtige Partnerwahl

Blaue Blüten: begehrt, aber selten.

Blaue Blüten sind jedoch im Reich der Pflanzen weit seltener als gelbe oder rote. Das hängt mit dem Wahrnehmungsvermögen der Bestäuber-Insekten zusammen, deren Anlockung das einzige Ziel der Blüten ist. Die Augen tagaktiver Insekten können Gelb am deutlichsten erkennen, Vögel die Rottöne. Blau und Blauviolett sind vorrangig das wahrnehmbare Farbspektrum der Schmetterlinge. Diese zählen aber zu einer der entwicklungsgeschichtlich jüngsten und damit zu einer der kleinsten Bestäubergruppen, für die Mutter Natur bislang nur wenige „passende" Blütenfarben und -formen ersonnen hat.

Im temperierten Wintergarten, in dem die Temperatur nicht unter 5 °C sinkt, bringen Prinzessinnenblume (*Tibouchina*, Seite 87), Australischer Glockenstrauch (*Acnistus arborescens*), Blauglöckchen (*Sollya*, Seite 152), Blauflügelchen (*Clerodendrum ugandense*, Seite 101), Passionsblumen (*Passiflora*, Seite 94ff.), Kreuzblume (*Polygala*, Seite 99) und Himmelsblumen (*Thunbergia*, Seite 120) mehr Blautöne ins Spiel.

Angesichts der begrenzten Auswahl sucht man bei der Gestaltung eines Blauen Wintergartens baldmöglichst nach geeigneten Begleitpflanzen. Hierzu zählen in

Attraktive Blütenpflanzen

1 Palisanderbaum
(Jacaranda mimosifolia)

Blau blühende Bäume sind rar. Das ist auch im Wintergarten-Sortiment nicht anders. Und so greifen wir hier auf eine Art zurück, die kein typischer Vertreter kalter, sondern temperierter Wintergärten ist. Die Temperatur sollte nicht unter 5 °C fallen. Dann zeigt der Palisanderbaum im Alter vor dem neuen Laubaustrieb im Frühjahr seine wunderschönen, blauen Blüten.
Pflege: Die Bäume streben zunächst stracks in die Höhe, bis sie in über 2 m Höhe ihre Kronen ansetzen. Das Laub ist fein gefiedert und beansprucht mäßig viel Wasser und Dünger. Je kühler es im Winter ist, umso mehr Laubverlust.
Gesundheit: Bei dauergrünen Kronen im Winter Wollläuse möglich.
Verwendung: Filigraner Schattenbaum für hohe Wintergärten.

2 Stolz-von-Madeira
(Echium candicans)

Ihren Namen tragen diese graulaubigen Eminenzen zu Recht, die auf den Kanarischen Inseln zu Hause sind. Ihre Blätter sind mit einer samtweichen Haarschicht bedeckt, die sie silbern schimmern lässt. Sie stehen am Ende der kandelaberartig ausgebreiteten Triebe in dichten „Schöpfen" beisammen. Die bis zu 30 cm hohen, dichten Blütenkerzen erscheinen im Frühling.
Pflege: Trotz ihres ideal vor Hitze und Trockenheit geschützten Blattkleides verlangen die Natternköpfe, wie man sie auch nennt, reichlich Wasser im Abstand mehrerer Tage. Gedüngt wird mäßig.
Gesundheit: Die breitwüchsigen Immergrauen sind offenbar zu stolz, um krank zu werden.
Verwendung: Ihren markanten Kronen gebührt ein Einzelstand.

Zu Blautönen passen weiß- und rosa-farbene Blüten oder graulau-bige Gewächse.

erster Linie weiß blühende Arten wie die weiße Bleiwurz (*Plumbago auriculata* 'Alba'), weiße Zistrosen (z.B. *Cistus laurifolius, C. salviifolius*) oder weiße Kreppmyrten (*Lagerstroemia indica* 'Alba'). Ebenso lassen sich den blauen Leitpflanzen zart rosa-farbene Vertreter zu Seite stellen. Sie findet man abermals unter den Zistrosen (bei-spielsweise *Cistus × skanbergii*) und Kreppmyrten (*Lagerstroemia indica* 'Rosea').

Geeignete Parnter qualifizieren sich jedoch nicht nur durch die passende Blüten-farbe, sondern auch durch korrespondierende Laubfarben. Blau wirkt kühl und edel – ebenso wie Grau. Deshalb sind graulaubige Pflanzen ohne auffällige Blüten ideale Partner für die Blaublütigen: Olive (*Olea*, Seite 40), Australischer Rosmarin (*Westringia*, Seite 60), den es als weiß und hellviolett blühende Varietät gibt, oder die Silberwinde (*Convolvulus*, Seite 44) mit ihren reinweißen Trichterblüten. Die Blaue Hesperidenpalme (*Brahea*, Seite 73) steuert ihre stahlblauen Palmwedel bei, der Eukalyptus (*Eucalyptus,* Seite 65) sein blau bereiftes Laub.

„Reizvoll" auch mit wenig Farbe

Um in einem monochromen Wintergarten für reichlich Abwechslung zu sorgen, sollte man nicht nur die Optik im Sinn haben. Planen Sie bevorzugt duftende Arten ein, um auch die Nase zu verwöhnen. Parade-Beispiele für blau oder blauviolett blühende Duftpflanzen sind Rosmarin (*Rosmarinus*, Seite 55), Lavendel (*Lavandula,* Seite 55), Salbei (*Salvia*), Duftnessel (*Agastache*) und Katzenminze (*Nepeta*) mit ihren herben Blatt-Aromen. Doch auch das Laub des Mönchspfeffers (*Vitex*, **Seite 55**) ver-strömt einen interessanten Duft, der seinem Namen „Pfeffer" alle Ehre macht. Eine wunderschöne Ergänzung sind weiß blühende, intensiv duftende Wintergarten-

Stauden und Halbsträucher mit blauen Blüten

1 **Schmucklilie**
(Agapanthus)

Schmuck sind diese im Wintergar-ten immergrünen Stauden in jeder Lebenslage. Denn ihre riemenar-tigen Blätter bilden dichte Horste, die auch schon vor der Hauptblüte im Juni die Blicke auf sich ziehen.
Pflege: Blaue und weiße Sorten treiben besonders zuverlässig und viele Blütenstiele, wenn sie Mangel leiden. Man teilt oder topft die dickfleischigen Wurzeln deshalb erst um, wenn sie den Topf bereits zu sprengen drohen. Gedüngt wird mäßig, sonst fließt die Kraft statt in die Blüten- in die Blattbildung. Gegossen wird reichlich, aber in großen Abständen, damit die Erde zwischendurch abtrocknen kann.
Gesundheit: Keine Schädlinge.
Verwendung: Kleinwüchsige Sor-ten sind dichte Bodendecker, hoch-wüchsige imposante Solitärs.

2 **Blauer Hibiskus**
(Alyogyne huegelii)

Was diese australische Staude nicht an Pluspunkten für ihre locke-re Krone sammeln kann, macht sie durch die Leuchtkraft ihrer bis zu 10 cm großen Blüten mehr als wett. Im Auf- und Verblühen schwankt ihre Farbe zwischen reinem Blau, Rosa und Violett.
Pflege: Im Sommer ist der Wasser-bedarf sehr hoch, bei Mangel schlappen die behaarten Triebe rasch. Im Winter schneidet man die vertrockneten Schosse zurück. Der Gießaufwand ist entsprechend gering. Der Düngebedarf während der Wachstumszeit ist hoch.
Gesundheit: An den rauen Malven-gewächsen haben Schädlinge keine Freude und meiden sie.
Verwendung: Sie sollten stets in größeren Gruppen ab drei Exem-plaren eingesetzt werden.

3 **Bleiwurz**
(Plumbago auriculata)

Bei diesen Halbsträuchern hat man die Wahl, ob man ihre stracks in die Höhe ragenden Triebe als Klet-terpflanzen an Gerüsten anbinden oder regelmäßig kappen und zu kompakten Büschen erziehen möchte. In beiden Fällen überzeu-gen sie mit einer sommerlangen Fülle hellblauer oder weißer Blü-tenbüschel, deren drüsenbesetzte, klebrige Kelche sich gerne an Klei-dung oder Haaren anheften.
Pflege: Selbst zu viel Kalk im Was-ser macht diesen Südafrikanern nichts aus: Sie scheiden ihn über die Blätter aus. Der Wasser- und Düngerbedarf ist mäßig.
Gesundheit: Bleiwurz sind schäd-lingsfrei, zumal ihre Triebe im Winter weit zurücktrocknen und im Frühjahr neu sprießen.
Verwendung: Multitalent.

Mit farblich passenden Accessoires, etwa einem Windspiel aus blauen Glasperlen, lässt sich die kühle Wirkung der Blautöne noch unterstreichen.

gäste, denen kurze Frostperioden nichts ausmachen. Hierzu zählen beispielsweise Myrte (*Myrtus*, Seite 42), Duftblüte (*Osmanthus*, Seite 105), Sternjasmin (*Trachelospermum*, Seite 105) oder der Echte Jasmin (*Jasminum officinale*, Seite 105). Der Zitronenstrauch (*Aloysia triphylla*) gesellt sich mit dem frischen Zitrusduft seiner Blätter dazu.

Gäste aus dem Garten

Um die Bandbreite blau blühender Pflanzen für den kalten Wintergarten zu erweitern, bedient man sich einiger Pflanzen, die im Garten nicht vollständig winterfest sind. In einem blauen Wintergarten keinesfalls fehlen sollten die Blauraute (*Perovskia*) und blaue Sorten vom Eibisch (*Hibiscus syriacus* 'Blue Bird'). Ergänzend kommen Bartblume (*Caryopteris*) und Säckelblume (*Ceanothus*) sowie die bodendeckende Bleiwurz (*Ceratostigma plumbaginoides*) in Frage. Als Kletterpflanzen machen blau blühende Waldreben (*Clematis*-Hybriden) eine wunderschöne Figur. Unter den einjährigen Sommerblumen wirken Männertreu (*Lobelia erinus*), Australisches Gänseblümchen (*Brachyscome*) und Kapaster (*Felicia*) auch im Wintergarten mit ihren dezenten Blüten sehr schön. Stellt man noch einige frostfeste, mehrjährige Polster-Glockenblumen (z.B. *Campanula carpatica*, *C. portenschlagiana*, *C. poscharskyana*), Blaukissen (*Aubrieta* 'Blauer Schatz') oder Polster-Phlox (*Phlox subulata* 'Emerald Cushion Blue') in Schalen dazu oder setzt sie als Unterpflanzung ein, steht dem blauen Blütensommer nichts mehr im Weg.

Duftes Blatt- und schönes Blütenwerk

4 Rosmarin
(*Rosmarinus officinalis*)

Rosmarin braucht man nicht zu beschreiben: jeder kennt ihn. Doch wussten Sie, dass die aromatischen, immergrauen Mittelmeerpflanzen bis zu 2 m hoch werden können? Oder dass Rosmarin im Wintergarten oft schon im Februar blüht?
Pflege: Obwohl er scheinbar gut an Trockenheit angepasst ist, verträgt Rosmarin selbige nicht: Die Erde darf nie ganz austrocknen. Sonst entlauben sich die Triebe mit einigen Tagen Verzögerung völlig, was die Diagnose sehr schwierig macht. Gedüngt wird mäßig. Der jährliche Rückschnitt erfolgt nach der Blüte.
Gesundheit: Rosmarin hält gesund und ist gesund! In seltenen Fällen treten Wollläuse auf. Frische Blätter im Badewasser sind eine Wohltat.
Verwendung: Rosmarin passt immer und überall.

5 Lavendel
(*Lavandula*)

Lavendel ist nicht gleich Lavendel. Neben der bekannten, schmalblättrigen Art (*L. angustifolia*) überzeugen auch Schopf-Lavendel (*L. stoechas*) oder Französischer Lavendel (*L. dentata*) unter Glas mit blauen Blüten und duftenden Blättern. Die beiden letzteren wünschen es jedoch zuverlässig frostfrei.
Pflege: Lavendel braucht nur wenig Wasser und nimmt Trockenphasen weniger übel als Rosmarin, schätzt sie aber ebenfalls nicht. Nach der Blüte sollte man die Triebe stutzen, damit die Kronen kompakt bleiben.
Gesundheit: Am Lavendel laben sich nicht einmal Läuse.
Verwendung: In Gruppen sind Lavendel silbergraue Bodendecker; in Reihe gesetzt und regelmäßig geschnitten formen sie Hecken, um Grundbeete einzufassen.

6 Mönchspfeffer
(*Vitex agnus-castus*)

Diese vieltriebigen Großbüsche machen ihrem Namen mit pfeffrig duftenden, fingerförmig geteilten Blättern und scharf schmeckenden Früchten alle Ehre. Mönche kauten sie früher zur Zügelung ihrer Libido.
Pflege: Die hellrindigen Sträucher sind sehr anspruchslos und auch mit minimaler Pflege vollauf zufrieden. Wie alle Pflanzen entwickeln aber auch sie dichtere und blühfreudigere Kronen, wenn man die Erde im Wechsel reichlich gießt und abtrocknen lässt und auf eine mäßige Düngerversorgung achtet.
Gesundheit: Die im Winter laublosen Kronen sind sehr robust und nicht anfällig für Schädlinge.
Verwendung: Ihre spätsommerliche Blüte macht die Mediterranen zu unverzichtbaren Schlüsselfiguren jedes blauen Wintergartens.

Grüße aus **Australien** und **Neuseeland**

Während uns die Flora des Mittelmeerraums durch Urlaubsreisen meist wohl bekannt ist, umgibt die Pflanzenwelt Australiens und Neuseelands die Aura des Unbekannten. Wie gut trifft es sich, dass bereits zahlreiche Arten aus dem kleinsten Kontinent der Erde Einzug in unsere Wintergartenlandschaft gehalten haben. Mit ihnen lassen sich besonders ausgefallene und ungewöhnliche Bepflanzungen gestalten, die sicher nicht jeder hat!

Kontinent der Gemeinsamkeiten und Gegensätze

Die australische Florenregion ist nicht sehr vielgestaltig, aber sehr gegensätzlich. Große Gebiete Zentral-Australiens sind geprägt durch ein Wüstenklima. Die Westspitze Australiens um Perth und die Südostküste sind klimatisch Rom sehr ähnlich, also mediterran geprägt! Die Sommer sind trocken und heiß. Im Winter können vereinzelt Nachtfröste auftreten. Hier sind Lorbeerwälder, subtropische Regenwälder und eine typische mediterrane Hartlaubvegetation zu Hause. Aus diesen

Eukalytpus, Silbereiche (Grevillea) und Keulenlilie (Cordyline) holen ein Stück Australien nach Europa.

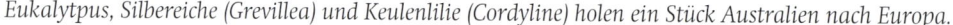

Neuseeländer Flachs setzt in Rot und Grün Akzente.

Zonen stammen die meisten der hierzulande kultivierten Arten. Wo die jährlichen Niederschlagsmengen unter 250 mm sinken, siedeln sich wüstenartige Pflanzengesellschaften an. Ein schmaler Küstenstreifen im Norden und Nordosten Australiens ist feucht-heiß mit Niederschlagswerten über 2000 mm pro Jahr. Hier wachsen üppige Regenwälder, die gen Süden von tropischen Trockenwäldern abgelöst werden.

Verdrehte Welt

Auf der Südhalbkugel verlaufen die Jahreszeiten genau entgegengesetzt zu Mitteleuropa: Wenn bei uns Sommer ist, herrscht in Australien Winter; im Januar ist in Sydney Hochsommer, im Juni hält der Winter Einzug. Viele Pflanzen stellen sich um, wenn sie bei uns in Europa kultiviert werden und blühen in unseren Sommern. Manchmal gelingt die Umstellung jedoch nicht vollständig und die Blüte setzt immer dann ein, wenn die Pflanzen über die nötige Konstitution verfügen. Sie fällt dann mal in den Sommer, mal in den Herbst oder ins Frühjahr – sie bleibt unkalkulierbar. Wieder andere Arten behalten ihren „verdrehten" Rhythmus bei – und blühen hierzulande dann im Winter! Das macht sie zu unverzichtbaren Grundsäulen für kalte Wintergärten, denn Winterblüher sind hier in der Regel Mangelware. Das Mittelmeer-Sortiment hat allenfalls Herbstblüher wie Erdbeerbaum (*Arbutus*, Seite 43) oder Wollmispel (*Eriobotrya*, Seite 50) zu bieten. Akazien (*Acacia*, Seite 58) und Sil-bereichen (*Grevillea*, Seite 64) blühen dagegen ab Januar, Manuka (*Leptospermum*, Seite 61) und Australischer Rosmarin (*Westringia*, Seite 60) stimmen spätestens im Februar mit ein. Deshalb findet man Australier und Mediterrane häufig in den Wintergärten kombiniert, da sie sich in ihren Blütezeiten ideal ergänzen.

Lichtgestalten, die leicht kalte Füße bekommen

Australier genießen etwa sieben Mal so viel Sonne wie wir!

Allerdings verlangen die meisten Australier noch mehr Licht als die Mediterranen! Bei Wärmeschutzgläsern oder gar beschichteten Eindeckungen fallen sie häufig aus. Phänomene wie das plötzliche Zurücktrocknen der Triebe (engl.: „die back") sind ebenfalls häufig auf Lichtmangel zurückzuführen. Ost- oder Westlagen sind vor allem während der Wintermonate kritisch, in denen jeder Lichtstrahl zählt. Australier sind Pflanzen für südexponierte, einfach verglaste Wintergärten, in denen die Energieausbeute für ihren frühen Flor ausreicht! Und das ist angesichts von durchschnittlich 1,2 bis 2 Stunden mittlerer, täglicher Sonnenscheindauer in Hamburg, Frankfurt, Essen oder München im Januar schon schwer genug. In Alice Springs genießt man im sonnenärmsten Monat Juni immerhin 8,6 Stunden täglich die Sonne!

Viele Australier sind weniger frostfest als die Mediterranen – zumal dann, wenn sie in Töpfen stehen, in die der Frost viel rascher und tiefer eindringt als in den Boden von Grundbeeten. Ideal ist es deshalb, wenn der Wintergarten mit Hilfe eines Frostwächters gerade frostfrei gehalten wird. Gas- oder strombetriebene Modelle sind mobil und erfordern keine gesonderte Genehmigung oder Abgasableitung. Ihre Temperaturfühler werden auf 2°C eingestellt, damit sie rechtzeitig anspringen.

Besondere Bodenansprüche

Gießen Sie ausschließlich mit kalkarmem Regenwasser.

Generell bevorzugen australische Pflanzen kalkarme, nährstoffarme Böden. In Südostaustralien beispielsweise sind die Erden stark ausgewaschen und versauert. Im Osten des Kontinents dominieren unter dem wechselfeuchten Klima tonreiche Böden (über 30 % Tonanteil), die stark quellen und schrumpfen. Im Inneren Australiens sind die Böden stark salzhaltig. In allen Fällen ist Calcium (Ca) Mangelware und viele Wurzeln sind nicht an dieses Element angepasst. Tritt es plötzlich im Übermaß auf, blockiert es die Aufnahme wichtiger Nährstoffe, z.B. von Eisen. Durch das Gießwasser gelangen stets geringe, bei Verwendung von Leitungswasser sogar hohe Mengen von Kalk (Kalziumkarbonat, $CaCO_3$) in die Erde und reichern sich an. Neutralisieren kann man sie mit Hilfe sauer wirkender Dünger, wie sie für Rhododendron, Azaleen und Heidegewächse angeboten werden. Ersetzen Sie den normalen Kübelpflanzendünger bei jedem dritten oder vierten Düngedurchgang durch sauer wirkende Fabrikate. Grundsätzlich ist dringend anzuraten, bei australischen Wintergärten ausschließlich Regenwasser zu verwenden, da es von Natur aus kalkarm ist.

Typisch australische Bäume

1 Akazien
(Acacia)

Von den über 1200 Akazien-Arten ist die Silber-Akazie (*A. dealbata*) die wohl bekannteste. Sie wird oft fälschlicherweise als „Mimose" bezeichnet. Ihre Blütenpompons, die schon im Spätsommer des Vorjahres angelegt werden, um sich im Spätwinter zu öffnen, verwendet man gerne in Blumensträußen. Ebenso häufig erhältlich sind *A. armata, A. baileyana, A. retinodes*.
Pflege: Stehen Silber-Akazien zu trocken, reagieren sie mit sofortigem Rieseln der Blattfieder. Gedüngt wird mäßig. Ein jährlicher Rückschnitt nach der Blüte ist ratsam, um den Wuchs zu zügeln.
Gesundheit: Akazien trocknen bei Lichtmangel im Winter zurück, regenerieren aber schnell wieder!
Verwendung: Prächtiger Winterblüher und lichter Schattenbaum.

2 Flaschenbäume
(Brachychiton)

Aus der Vielfalt der Flaschenbäume ragen zwei heraus: Der Flammenbaum (*B. acerifolius*) zeigt große, leuchtend rote Blütenrispen. Der Glücksbaum (*B. rupestris*) entwickelt markant verdickte Stämme, die an „Elefantenfüße" erinnern. Oft schlingt man die noch jungen Triebe von Sämlingen zu knotigen Formen zusammen, die ihren Besitzern Glück bringen sollen.
Pflege: Durch die Fähigkeit, Vorräte in ihren verdickten Stämmen zu speichern, kann Trockenheit die schlanken Bäume nicht schrecken, obwohl ihnen eine konstante Versorgung lieber ist.
Gesundheit: Sie können ein Glas Wein darauf trinken, dass Flaschenbäume keinen Ärger machen.
Verwendung: Schlanke Solitärbäume für die mittlere Pflanzreihe.

Bizarre Blüten und filigrane Blätter

Australische Pflanzen bieten uns Blüten, wie wir sie von der mitteleuropäischen Flora nicht kennen. Sie werden statt von Insekten häufig von Vögeln, Fledermäusen oder auch Beuteltieren (z.B. *Eucalyptus*) bestäubt. Besonders charakteristisch sind Blüten, die nur aus Staubblättern zu bestehen scheinen, da Kelch- und Kronblätter stark zurückgebildet sind oder fehlen. Die sehr artenreiche Familie der Myrtengewächse (Myrtaceae) vertritt diesen Blütentyp mit hunderten von Gattungen und Arten, zu denen allein über 500 Eukalyptus-Gewächse (*Eucalyptus*, Seite 65), aber auch Kirschmyrten (*Syzygium*, Seite 61) und Zylinderputzer (*Callistemon*, Seite 61) zählen. Ihre Blüten ähneln Kosmetikpinseln oder Flaschenbürsten. Die Myrte (*Myrtus*, Seite 42) ist die einzige europäische Vertreterin dieser filigran blühenden Familie. Ebenfalls unverwechselbar sind die krallenartigen Blüten der Grevilleen (Seite 64). Die Laubkunst der australischen Flora ist dagegen eher unspektakulär. Die Blätter sind vielfach nadelartig schmal und spitz geformt – eine Anpassung an die Trockenheit und Hitze ihrer Heimatregionen. Die Manuka (*Leptospermum*, Seite 61) besitzt heideähnliches Laub,

> Australischen Pflanzen macht Hitze nichts aus. Sie verlangen im Gegenteil sogar viel Licht und Sonne!

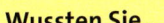

TIPP

Wussten Sie…

…, dass in Australien Grasbäume (*Xanthorrhoea*) zu Hause sind? Die zunächst grasartigen Horste bilden ab einem Alter von etwa 20 Jahren feste Stämme, was ihnen ein palmenartiges Aussehen gibt. Ihre Blüte wird durch Äthylengas angeregt, das bei den regelmäßigen Buschbränden entsteht. Die Stämme sind durch ein kautschukartiges Harz vor Feuer geschützt. Ein Muss für Sammler!

Tierisch schöne Kleinsträucher und Stauden

3 Zickzackstrauch
(Corokia cotoneaster)

Der Zickzackstrauch wächst so, wie er heißt: Nach jedem der winzigen, graugrünen Blättchen wechseln seine drahtigen Triebe die Wuchsrichtung. Die Kronen sind sehr locker und filigran aufgebaut.
Pflege: Die Australier sind auf Mangel eingestellt und verlangen nur wenig Wasser und Dünger. Die markanten Kronen erfordern keinen Rückschnitt, können aber gestutzt werden. Die Erde sollte gut durchlässig sein, damit keine Staunässe aufkommt.
Gesundheit: Krankheiten und Schädlinge treten so selten auf, dass sie nicht der Rede wert sind.
Verwendung: Aufgrund seines interessanten, aber nicht sofort ins Auge springenden Wuchses gebührt den zumeist Immergrauen ein Solo-Platz im Vordergrund.

4 Emustrauch
(Eremophila maculata)

Die bis zu 5 cm langen, rosa oder gelb gefärbten und schön gemusterten Blüten stehen waagerecht von den Trieben ab und erscheinen das ganze Jahr über in kleiner Zahl. Sie erinnerten die Menschen in ihrer Heimat Australien offenbar so sehr an den Kopf des Emus, dass sie die schmal beblätterten, leicht überhängend wachsenden Kronen „Emustrauch" tauften.
Pflege: Während die Kleinsträucher Hitze und kurzzeitige Trockenheit meistern, lassen dauernasse Böden die Wurzeln faulen. Die durchlässige Erde deshalb eher trocken halten und wenig düngen.
Gesundheit: Emusträucher sind völlig unproblematisch.
Verwendung: Den ungewöhnlichen Blüten gebührt ein erhöhter Platz, um sie aus der Nähe zu betrachten.

5 Känguru-Pfötchen
(Anigozanthos flavidus)

Auch für diese australischen Stauden stand ein Tier Pate: Die Blüten sind von einem rauen Haarpelz überzogen und erinnern mit ihrer länglichen, vorne gezackten Form an Pfoten. Die langen, schmalen Blätter entspringen einem fleischigen Wurzelstock und sammeln sich zu dichten, grasähnlichen Horsten.
Pflege: Kurzzeitige Trockenheit macht den immergrünen Pflanzen nichts aus, Nässe dagegen schon. Vor allem im Winter, wenn die Temperatur nicht unter den Gefrierpunkt fallen sollte, muss die Erde recht trocken bleiben. Der Düngebedarf ist mäßig.
Gesundheit: Känguru-Pfötchen sind robust und schädlingsfrei.
Verwendung: In Gruppen eingesetzt, sind sie ein ungewöhnlich blühender Bodendecker.

andere Blätter sind sehr klein wie beim Zickzackstrauch (*Corokia*, Seite 59). Das Laub vieler Akazien-Arten erinnert an die Blätter der Mimose (*Mimosa pudica*), auch „Rühr-mich-nicht-an" genannt. Mit ihrem silbergrauen Schimmer blitzen die Akazien im Sonnenlicht, das sie aus Schutz vor Überhitzung reflektieren. Doch auch andere Techniken, die Sie schon bei den Mittelmeerpflanzen kennengelernt haben (Seite 39), sind bei den Australiern vertreten: Ihre Blätter sind derb wie bei den Keulenlilien (*Cordyline*) oder wollig behaart wie bei den Australischen Fuchsien (*Correa*). Beim Känguru-Pfötchen (*Anigozanthos*, Seite 59) sind sogar die Blüten mit einem dichten Haarflaum besetzt, was ihnen ein pelziges Aussehen verleiht.

Weitere Wintergartenpflanzen aus Australien und Neuseeland

Blauer Hibiskus (*Alyogyne huegelii*, Seite 54)
Wachsblume (*Chamelaucium uncinatum*)
Keulenlilie (*Cordyline australis*)
Australische Fuchsie (*Correa alba*)
Baumfarne (z.B. *Cyathea, Dicksonia*, Seite 129)
Norfolk-Hibiskus (*Lagunaria patersonii*, S.125)
Drahtwein (*Muehlenbeckia complexa*)
Orangenjasmin (*Murraya paniculata*, S.104)
Schmalblättriger Klebsame (*Pittosporum tenuifolium*)

Hier geht's heiß her

Australische Pflanzen selber zu vermehren ist nicht leicht. Denn viele Samen sind auf starke Hitzeeinwirkung durch Feuer angewiesen, die

Die Vermehrung aus Stecklingen ist schwierig und auch Samen keimen nur zögerlich.

ihre festen Schalen knackt. Die Frucht der Zylinderputzer (*Callistemon*, Seite 61) beispielsweise bleibt jahrelang an den Zweigen haften, bis das nächste Buschfeuer ihre Kapseln aufplatzen lässt und die Samen frei gibt. Auf dem mit Asche überzogenen Boden finden sie optimale Startbedingungen: Durch das Feuer ist die obere Erdschicht keimfrei und die Asche ist ein natürlicher Dünger für die Jungpflanzen.

Viel versprechende Kleinsträucher

1 Minzbusch
(Prostanthera rotundifolia)

Die deutsche Übersetzung von „mint brush" führt etwas in die Irre, denn diese australischen Kleinsträucher duften nicht nach Minze, sondern einfach nur herrlich frisch. Ihr eigentlicher Wert besteht in den unzähligen, hellvioletten Blüten, die sich oft schon im Februar öffnen. Nachblüten während des Sommers sind häufig.
Pflege: Die immergrünen, natürlicherweise sehr kompakt wachsenden Sträucher sind anspruchslos. Nur verkraften sie im Gegensatz zu vielen anderen Australiern keine Trockenheit, die zu starkem Blatt- und Knospenfall führt.
Gesundheit: In seltenen Fällen siedeln sich im Winter Schildläuse an.
Verwendung: Mit dem frischen Grün seiner runden, kleinen Blätter ist er eine hübsche Begleitpflanze.

2 Australischer Rosmarin
(Westringia fruticosa)

Auch dieser immergrüne, selten mehr als 1,20 m hohe und breite Strauch führt uns an der Nase herum: seine schmalen, in Wirteln angeordneten Blätter sehen mit ihrer weißen Unterseite zwar aus wie die des Rosmarins, doch sie riechen nicht. Die kleinen, hellvioletten bis weißen Blüten, die sich monatelang in reicher Zahl öffnen, sind der wahre Schmuck!
Pflege: Die Wurzeln dieser natürlicherweise reich verzweigten Australier verkahlen bei Trockenheit und sollten stets leicht feucht gehalten werden. Der Düngebedarf ist trotz der Dauerblüte gering.
Gesundheit: Wie beim Minzbusch.
Verwendung: Dezente Gruppenpflanze, die mit ihrem grau scheinenden, schmalen Laub als Rahmen- oder Vorpflanzung dient.

3
4

Keine Frage des Stils

In Australien hat sich bislang kein Gartenstil entwickelt, der absolut charakteristische Merkmale zeigen würde. Den „typisch australischen" Garten gibt es nicht. Vielmehr sind die Gestaltungen stark geprägt von europäischen Einflüssen, denn die heutige Bevölkerung stammt zu großen Teilen von englischen und irischen Einwanderern ab. Die Urbewohner Australiens, die Aborigines, leben in enger Verbindung mit der Natur, doch Gärten in unserem Sinne legen sie nicht an. Deshalb gibt es im Grunde keine Stilvorlagen für den australischen Wintergarten. Er lebt in erster Linie von den Pflanzen selbst, die mit ihren ungewöhnlichen Blüten und andersartigen Wuchsformen eine Welt für sich erschaffen. Akazien und Eukalyptus-Gewächse sollten in keinem Australo-Arrangement fehlen, denn sie sind besonders typisch.

Bei der Wahl der Möbel und Accessoires sollten Sie wie beim mediterranen Wintergarten naturnahen Materialien den Vorzug geben. Setzen Sie auf Holz, zum Beispiel mit klassischen Sitzbänken, wie man sie in Englischen Gärten und Parks findet. Passende australische Accessoires wie Skulpturen oder Musikinstrumente verziert mit Ornamenten der uralten Handwerkskunst der Aborigines vervollständigen das Bild. Ein Bodenbelag in erdigen Tönen lenkt nicht von den Pflanzen ab. Ockerfarbener Sandstein oder ziegelrote Fliesen kommen ebenso in Frage wie Naturstein- oder Holzbeläge. In den Beeten imitieren vereinzelte, geschickt platzierte größere Steine oder Felsbrocken und eine Mulchdecke aus Sand oder Splitt die kargen Bodenverhältnisse. Offene, braune Erde dagegen suggeriert „fette" Lebensbedingungen, die in weiten Teilen Australiens nicht anzutreffen sind.

Urlaubssouvenirs wie dieser Boomerang unterstreichen das australische Ambiente.

Die schönsten Myrtengewächse

3 Zylinderputzer
(Callistemon)

Die Blütenbürsten des Zylinderputzers sind so ungewöhnlich, dass Ihnen das Staunen Ihrer Gäste sicher ist. Die große Pflanzengattung bietet feuerrote, rosafarbene, weiße und gelbe Farbvarianten. Das Laub des Zitronen-Zylinderputzers (*C. citrinus*) duftet frisch nach Zitrone, wenn man es bricht. Er blüht mindestens zwei Mal im Jahr für je 2 bis 4 Wochen (Mai / August).
Pflege: Die Erde darf nicht austrocknen, sonst werden alle Blätter braun – und das mit einigen Tagen Verzögerung. Die Regenerationsfähigkeit ist jedoch enorm, der Düngebedarf mäßig. Geschnitten wird nach einem Blütenschub.
Gesundheit: Schädlingsfrei.
Verwendung: Imposanter, dichtbuschiger Großstrauch oder Halbstamm zur Einzelstellung.

4 Kirschmyrte
(Syzygium paniculatum)

Die Qualitäten dieser immergrünen Australier werden oft verkannt: Ihre Kronen lassen sich bestens in Form schneiden und halten. Die feinen, weißen Pinselblüten sind sehr attraktiv und verraten die Verwandtschaft zu den Myrten. Und last but not least setzen die haselnussgroßen, glänzend pinkfarbenen Früchte dieser „Multitalente" auffällige Farbakzente im australischen Wintergarten.
Pflege: Kirschmyrten sind mit einem Mittelmaß von allem zufrieden: mit durchschnittlichen Mengen Wasser, Dünger und Licht. Selbst mit halbschattigen Lagen kommt sie noch bestens zurecht.
Gesundheit: Selten Schildläuse.
Verwendung: Die von Natur aus kegelförmigen Kronen reihen sich gerne in Großstrauchgruppen ein.

5 Manuka, Südseemyrte
(Leptospermum scoparium)

Auf den ersten Blick könnte man die Manuka, auch Südseemyrte genannt, mit einem Heidestrauch verwechseln. Die roten, weißen, lachs- oder rosafarbenen Blüten sind einfach oder gefüllt. Bei vielen Sorten sind die nadelartig schmalen Blätter rötlich gefärbt. Die Blüten erschienen im Spätwinter am zahlreichsten, aber auch das ganze Jahr hindurch in neuen Schüben.
Pflege im Sommer: Auch für diese Myrtengewächse gilt: nicht austrocknen lassen! Sie erholen sich leider nicht mehr. Dafür lassen sie sich sehr gut schneiden und zu perfekten Halbstämmen formen.
Gesundheit: Zwischen den immergrünen Blättchen sitzen im Winter zuweilen Woll- oder Schildläuse.
Verwendung: Üppiger Dauerblüher, der in Sitzplatznähe stehen sollte.

Neuseeland ist anders

Wer nach Neuseeland reist, fühlt sich rasch wie zu Hause, denn die Landschaften sind unseren ähnlich. Fast ebenso leicht gewöhnen sich neusee-ländische Pflanzen bei uns ein.

Für Neuseeland gilt hinsichtlich der Stilfrage ähnliches. Auch hier sind auf den beiden Hauptinseln englische Einflüsse unverkennbar. Der Reiz liegt in der Einmaligkeit der Pflanzen, die weltweit nur hier zu Hause sind. Landschaftlich unterscheidet sich Neuseeland von Australien deutlich, denn vulkanische Gebirge prägen das Bild. Das Klima ist großflächig gemäßigt und mild. In Wellington auf der Nordinsel sinkt die Temperatur im langjährigen Mittel nicht unter 0°C, im kältesten Monat Juli liegt die mittlere, tägliche Minimaltemperatur bei 6°C. Die wärmsten Monate erreichen 20°C mittlere tägliche Maximaltemperatur. Das sind mediterrane Verhältnisse, ohne aber im Sommer ins Schwitzen zu geraten! Hier wachsen bei über 1200 mm Niederschlag temperierte Regenwälder. Auf der Südinsel bei Christchurch herrschen mit 600 mm Niederschlagsbedingungen wie bei uns. Die Wintertemperaturen können im Extremfall auf −7°C sinken, bleiben aber in der Regel im frostfreien Bereich. Die natürliche Vegetation beinhaltet Trockensteppen und hartlaubige Polsterpflanzen.

So fühlen sich neuseeländische Pflanzen bei Ihnen wohl

Entsprechend der klimatischen Bedingungen sollten Sie die Pflege neuseeländischer Pflanzen hierzulande gestalten: Muten Sie ihnen keinen Dauerfrost zu und setzen Sie die Wurzeln keinem Trockenstress aus. Im Gegensatz zu den Australiern sind die neuseeländischen Arten grundsätzlich weniger lichtbedürftig. Da sich die Niederschläge nahezu gleichmäßig übers Jahr verteilen, sind die Kronen an Tage mit geringerer Lichtintensität durch wolkenverhangenen Himmel oder Nebel

Neuseeländische Multitalente

1 Eisenholzbaum
(Metrosideros excelsa)

Diese Neuseeländer sind wunderschön und anspruchslos zugleich. Das grau schimmernde, filzige Laub ist das ganze Jahr attraktiv. Die feuerroten Pinselblüten im Frühjahr, die sich aus bis zu 5 cm langen Staubfäden zusammensetzen, sind ein Schmuck der besonderen Art für alle Wintergartentypen.
Pflege: Die Großsträucher oder Bäume, die in ihrer Heimat um die Weihnachtszeit blühen, nehmen keinen Pflegefehler wirklich übel! Am liebsten sind ihnen jedoch ein heller Standort, stets leicht feuchte Erde und mäßige Düngergaben.
Pflege: Schädlinge wie Wollläuse treten so selten auf, dass sie kaum erwähnt werden brauchen.
Verwendung: Diesen Schönheiten gebührt ein freier Einzelplatz, damit sie gut zur Geltung kommen.

2 Neuseeländer Flachs
(Phormium tenax)

Wer Blattschmuckpflanzen liebt, kommt an diesen immergrünen Stauden auf Dauer nicht vorbei. Ihre im Alter über 2 m langen, schwertförmigen Blätter sind je nach Sorte grün oder rot, gelb oder weiß gestreift oder auch mehrfarbig. Doch auch die braunen Blütenstände sind eine Erwähnung wert, denn sie werden über 3 m hoch.
Pflege: Der Wasserbedarf ist mäßig, extremer Mangel kann zu braunen Blatträndern oder -spitzen führen. Der Düngebedarf ist mäßig. Der Schnitt beschränkt sich auf das Auslichten älterer Blätter. Große Pflanzen kann man im März teilen.
Gesundheit: Die Neuseeländer bereiten meist keinerlei Probleme.
Verwendung: Imposante Horste als „Eckpfeiler" oder für den Hintergrund. Sie brauchen Platz (> 1 m²).

Die Flaschenbürstenbäume

Ihre markanten, zumeist hochsommerlichen Blüten verleiten dazu, die über 100 Mitglieder zählende Pflanzengattung der Myrtenheide (*Melaleuca*) „Flaschenbürstenbäume" zu nennen. Denn sie sind aus einer Vielzahl von Staubblättern zusammengesetzt, die sich in Zylindern oder Ovalen um oder auf den Zweigen gruppieren. Je nach Art sind sie leuchtend rot, violett, rosa oder weiß gefärbt. Vorsicht: Wenn Sie zum Betrachten der weichen Pinselblüten zu nahe heranrücken, haben Sie eine gelbe Nasenspitze, denn der Blütenstaub haftet gut!

Ein zusätzlicher Schmuck ist die zumeist helle Rinde, die sich bei älteren Zweigen in papierartigen Streifen ablöst und den Blick auf die dunkleren Stämme freigibt. Die Kronen, die je nach Art Mannshöhe oder bis zu 30 m erreichen können, sind sehr schnittverträglich und lassen sich zu Kugeln erziehen. Die immergrünen Blätter sind sehr fest und werden so gut wie nie von Schädlingen oder Krankheiten befallen.
Viele Arten enthalten ätherische Öle in ihren Blättern. Hierzu zählt das Teebaumöl, das aus dem Laub

von *Melaleuca alternifolia* gewonnen wird. Es riecht kampferartig frisch und kräftig. Zu seinen Heilwirkungen zählt das Lindern von Mückenstichen und Neurodermitis. Man kann es direkt auf die Haut auftragen. Dem Öl wird eine keimtötende und antivirale Wirkung zugeschrieben. Aus *Melaleuca leucadendra* wird durch Destillation Cajeput extrahiert, dessen Aroma Eukalyptus ähnelt. Es hilft gegen Entzündungen der Atem- und Verdauungswege, lindert Zahn- und Ohrenschmerzen und wirkt krampfstillend.

gewöhnt. Die jährliche, mittlere tägliche Sonnenscheindauer beträgt in Wellington und Christchurch 5,6 Stunden, das Minimum 3,5. Damit sind neuseeländische Gewächse auch in unseren Wintern weniger anfällig für Lichtmangel.

Auch für Schädlinge sind neuseeländische Arten in der Regel weniger anfällig als zum Beispiel südamerikanische Pflanzen. Da sie wie die australische Flora keine großen Mengen Dünger verbrauchen und keine Nährstoffdepots in ihren Blättern einrichten, sind sie für saugende Insekten kein gefundenes Fressen. Obendrein sind viele mit einer derben Blatthaut oder Haaren ausgestattet, die die Schädlinge von einem Besuch abhalten.

Klettermaxe vom anderen Ende der Erde

3 Goldwein
(Hibbertia scandens)

Diese immergrünen Schlinger verschießen ihr Pulver nicht auf einmal. Ihre dottergelben, 4 bis 5 cm großen Blüten erscheinen stets zu wenigen gemeinsam, aber dafür den gesamten Frühling und Sommer über. Die Blätter sind von interessanter, zart blaugrüner Farbe.
Pflege: Durchlässige, mit grobem Sand vermischte Erde ist diesen mäßig wüchsigen Australiern besonders willkommen, da ihre Wurzeln Staunässe nicht lange standhalten können. Die Triebe kann man im Herbst einkürzen.
Gesundheit: Achten Sie auf klassische Wintergartenschädlinge wie Läuse und Spinnmilben, denn das zarte Laub ist leicht „anzuzapfen".
Verwendung: Die Triebe begrünen kleine Wandflächen oder Spaliere oder wachsen als Bodendecker.

4 Korallenwein
(Kennedia rubicunda)

Auch diese Kletterer sind von eher zarter Natur. Ihr jährlicher Zuwachs ist zwar beachtlich, doch die Abstände zwischen den dreigeteilten Blättern sind recht groß, so dass sich lockere Teppiche bilden. Die feuerroten Blüten können fast das ganze Jahr über in lockeren und vereinzelten Büscheln erscheinen.
Pflege: Die Immergrünen stellen an die Wasser- und Nährstoffversorgung keine besonderen Ansprüche. Dafür sollte der Standort sehr hell sein und die Temperatur im Winter nicht dauerhaft unter 5 °C sinken, ohne dass ein Wurzelschutz erfolgt.
Gesundheit: Bei allzu trockener Luft können Spinnmilben lästig werden.
Verwendung: Dezenter Blüher mit formschönen, erbsenähnlichen Blüten, der sich an frei stehenden Obelisken oder Pyramiden entfaltet.

5 Pandorea
(Pandorea jasminoides)

Die dunklen, immergrünen, gefiederten Blätter dieses Schlingers sind von auffälligem Glanz. Ein wunderschöner Kontrast dazu sind die zart rosafarbenen Trichterblüten, deren rot gefärbter Schlund wie ein Auge wirkt. Sie erscheinen zumeist das ganze Jahr über, im Sommer zahlreicher als im Winter.
Pflege: Geben Sie den Australiern das, was sie am meisten brauchen: einen sehr hellen Standort für optimales Gedeihen. Der Wasser- und Düngerbedarf ist mäßig. Die Triebe kürzt man am besten während einer Blühpause im Spätwinter ein.
Gesundheit: Die robusten Triebe halten Schädlingsattacken stand.
Verwendung: Aufgrund der langen, auffälligen Blüte sollte der Blick auf die „blühenden Wände" nicht verstellt sein.

Unbekannte Schönheiten: *Grevilleen* und *Banksien*

In unserer Sprache nennt man die über 200 Arten zählende Gattung *Grevillea* „Silbereichen". Doch mit den Eichen haben diese größtenteils in Australien beheimateten Besonderheiten rein gar nichts zu tun. Ihr Laub ist zumeist nadelartig schmal und häufig mit einem gräulichen Flaum überzogen. Die vorwiegend roten oder rosafarbenen, seltener gelben oder weißlichen Blüten stehen in dichten Ähren oder Kugeln beisammen. Ihre Griffel sind lang und auffällig gebogen, was den Blütenständen ein krallenartiges Aussehen verleiht. Die Blüte setzt oft schon im Spätwinter ein und hält bei vielen Arten wochenlang an. In ihrer Heimat existieren hunderte reichblühender Züchtungen, von denen erst wenige unsere Breiten erreicht haben.

Je weniger man düngt, umso wohler fühlen sich die Exoten vom anderen Ende der Welt.

Die großen Blütenkolben der Banksien (*Banksia*) kennt man hierzulande meist nur aus exklusiven Blumensträußen. Wer einen frostfreien Wintergarten sein Eigen nennt, kann die dazugehörigen Pflanzen kultivieren und frische Blüten für die Vase ernten. Sie sind wie die Grevilleen frei von Krankheiten oder Schädlingen.

Bei der Pflege ist bei beiden Gattungen weniger mehr: Die Erde sollte zwischen den Gießdurchgängen gut abtrocknen. Trockenheit wird toleriert, Nässe dagegen lässt in Kürze die Wurzeln faulen. Umgetopft wird so selten wie möglich in sandreiche, nährstoffarme Erde (z.B. Kakteensubstrat). Grevilleen monatlich mit Rhododendrondünger in halber Konzentration (0,1%) düngen, damit der Boden leicht sauer bleibt (pH-Wert 6). Beide brauchen phosphatfreien Dünger (z.B. Hakaphos Gelb).

In Kultur erhältliche Grevilleen

Art	Farbe	Wuchs
Grevillea banksii	Rot	Busch oder Baum
Grevillea juniperina	Rot bis Orange	Busch, bis 2 m
Grevillea lanigera	Rot	bis 1 m, kriechend
Grevillea robusta	Gelb	Baum, Fiederlaub
Grevillea rosmarinifolia	Rot	Busch, bis 2 m
Grevillea × *semperflorens*	Rot	Dauerblüher!
Grevillea 'Robin Gordon'	Rot, Rosa bis Gelb	Busch, bis 1,5 m

Geeignete Banksien-Arten

Art	Farbe	Wuchs
Banksia coccinea	Rot bis Orange	schlanker Busch
Banksia ericifolia	Orange bis Rot	dichter Busch
Banksia integrifolia	Grüngelb	Busch oder Baum
Banksia serrata	Cremefarben	Busch oder Baum
Banksia spinulosa	Hellgelb	1 m hoher Busch

Eukalyptus für jede Gelegenheit

Ein einzelner Eukalyptus entfaltet noch keine Duft-wolke. Dazu sind mehrere nötig!

Eukalyptus macht Hustenbonbons scharf und die Atemwege frei. Seine ätherischen Öle wirken desinfizierend und entzündungslindernd. Diese werden vor allem aus dem Laub des Blaugummibaums (*Eucalyptus globulus*) gewonnen, der zu den über 600 immergrünen *Eucalyptus*-Arten zählt, die in Australien beheimatet sind. Heute sind sie jedoch in aller Welt verbreitet, da man ihr rasches Wachstum für die Holzindustrie und ihre ausladenden Kronen als Schattenspender schätzt. Manche werden über 100 m hoch und zählen damit zu den Giganten im Pflanzen-reich. Im Wintergarten müssen sie durch regelmäßige Rückschnitte klein und kompakt gehalten werden. Eukalyptus-Arten kommen selbst mit sandigen, zeit-weise trockenen Böden sehr gut zurecht, denn sie entsenden ihre Wurzeln bis in Wasser führende Schichten – Gebiete, in denen man sie zur Holzgewinnung groß-flächig anpflanzt, werden so nach und nach trockengelegt! In Töpfen oder Pflanz-beeten müssen Sie ihrem Wasserbedarf durch reichlich Gießen nachkommen.

Die jungen Blätter sind in der Regel anders geformt als die Altersblätter. Beim Mostgummibaum (*Eucalyptus gunnii*) ist das junge Laub rundlich und von intensiv blaugrüner Farbe. Die Folgeblätter sind länglich und grün. Diese Art verträgt Frost und wird von Experimentierfreudigen erfolgreich im Garten kultiviert. Im kalten Wintergarten wachsen sie rasch heran, so dass man jederzeit Zweige als Schnitt-grün ernten kann. Viele Arten tragen eine attraktiv gefärbte und sich in Streifen abschälende Rinde.

Die schönsten Eukalyptus-Arten

Art	Blüte; Eigenschaften
Eucalyptus caesia	rosa; kleinwüchsig, attraktive Rinde
Eucalyptus cinerea	klein, creme; mittelgroß, Schnittgrün
Eucalyptus citriodora	creme; Laub: intensiver Zitrus-Duft (!)
Eucalyptus coccifera	weiß; kleinwüchsig, frosttolerant
Eucalyptus eremophila	gelb; kleinwüchsig, trockenheits-liebend
Eucalyptus erythrocorys	rot-gelb; kleinwüchsig, schirmförmig
Eucalyptus ficifolia	rot, am attraktivsten blühende Art
Eucalyptus globulus	unscheinbar; Nutzbaum (ätherische Öle)
Eucalyptus gunnii	unscheinbar; verträgt Frost
Eucalyptus macrocarpa	rot, sehr groß; buschförmig (max. 3 m)
Eucalyptus nicholii	weiß; verträgt leichten Frost
Eucalyptus pauciflora subsp. *niphophila*	cremefarben, klein; verträgt starken Frost
Eucalyptus sideroxylon	rot, auffällig, lang andauernd; roter Rindenschmuck

Fernöstliche Pflanzenwelten

Die Pflanzenwelt Ostasiens bietet uns zahlreiche immergrüne, Halbschatten tolerierende, duftende Arten.

Weit mehr Pflanzen, als man landläufig vermutet, stammen aus China und Japan, darunter zahlreiche Gartenpflanzen (z.B. Ginkgo, Pfingstrosen, Fächer-Ahorn). Auch im Wintergarten nehmen die Asiaten eine zentrale Rolle ein, wenn auch oft unbemerkt. Schließlich stammen beliebte „mediterrane" Fruchtgehölze wie Kaki (*Diospyros*), Wollmispel (*Eriobotrya*), Brustbeere (*Ziziphus*), Kiwi (*Actinidia*) oder Maulbeere (*Morus*) von dort (siehe Seite 48ff.). Darüber hinaus sind etliche Ziersträucher nicht mehr aus dem Wintergarten-Sortiment wegzudenken. Heiliger Bambus (*Nandina*) und Weißdolde (*Rhaphiolepis*) sind typische Beispiele. Sie werden ergänzt durch Arten, die sich durch wohlduftende Blüten und immergrüne Blätter auszeichnen: Duftblüte (*Osmanthus*), Klebsame (*Pittosporum tobira*), Bananenstrauch (*Michelia*) oder Orangenblume (*Choisya*, Seite 102ff.). Zu den bekanntes-ten zählen wohl Bambus und Kamelien, die auf den folgenden Seiten vorgestellt werden. Kreppmyrte (*Lagerstroemia*), Paternosterbaum (*Melia*) und Eibisch (*Hibiscus syriacus*) sind im Mittelmeerraum inzwischen so weit verbreitet und etabliert, dass man die Asiaten wie „Einheimische" behandelt.

Geringe Licht- und Temperaturansprüche

Das Klima in Ostasien ist dagegen nicht mediterran, sondern geht in Richtung gemäßigtes Klima, das dem unseren sehr ähnlich ist. Dauerfrost und Schneefall

Möbel aus Rattan oder Bambus und Holzraster-Wände setzen mit Bambus asiatische Akzente.

Wintergärten im Asia-Stil strahlen Ruhe aus wie diese Buddha-Figur.

im Winter sind zum Beispiel in Japan die Regel. Das ganze Jahr über ist ausreichend Feuchtigkeit vorhanden; die Sonneneinstrahlung hat jedoch nicht die Kraft, die sie in mediterranen Regionen entwickelt. Daraus resultiert, dass die genannten Ziersträucher Frostgrade vertragen, ja sogar mit leichtem Dauerfrost keine Probleme haben. Gleichzeitig stellen sie keine hohen Ansprüche an das Licht. Sie sind auch mit absonnigen Lagen im Halbschatten vollauf zufrieden, ohne hier an Blühfreudigkeit einzubüßen. Da viele von ihnen immergrün sind, ist jedoch eine konstante Boden- und Luftfeuchte wichtig. Vor allem im Winter müssen Sie aufpassen, damit die sonnenbeschienen Blätter nicht austrocknen. Rücken Sie die Pflanzen möglichst weit von der Heizquelle Ihres Wintergartens ab, in deren unmittelbarer Umgebung die Luft am trockensten ist. Der Wasserbedarf im Sommer ist dagegen meist sehr maßvoll, da in den Zellen der derben Blätter kleine Wasservorräte angelegt werden, die den Kronen über kurze Durststrecken hinweghelfen. Die Düngerdosierung folgt dem Prinzip: Sind die Blätter sattgrün, ist die Versorgung optimal.

Nach asiatischem Muster

Während in der Gartengestaltung vor allem der japanische Stil hierzulande durchaus Freunde gefunden hat, wird er unter Glas noch so gut wie nie eingesetzt. Dabei wäre der Pflegeaufwand für die musterhaft gerechten Kiesbeete, die Wasserspiele und die zumeist perfekt in Form gebrachten Pflanzen hier um ein Vielfaches einfacher als im Freien. Vielleicht entdecken Sie ja Ihr Herz für die japanische Gartenkunst und sind mit einem Wintergarten im Asien-Stil Vorreiter eines noch schlummernden Trends.

Gestalten mit Feng Shui

Feng Shui stößt in den letzten Jahres auf breites Interesse. Nicht nur Gärten, sondern auch Häuser und Zimmer werden nach dieser Jahrtausende alten Lehre gestaltet. Ihre Prinzipien sind sehr eingängig, da sie in eine anschauliche Bildersprache umgesetzt sind. So werden alle Dinge den fünf Elementen Erde, Metall, Wasser, Holz und Feuer zugeordnet, die in einem harmonischen Verhältnis zueinander stehen müssen, um ein Fließen der Lebensenergie Chi zu ermöglichen. Die Grenzen einer Fläche werden von vier Himmlischen Tieren bewacht: die Rückseite von der gepanzerten Schildkröte, die Frontseite vom Vogel Phoenix mit seinen Zauberkräften, die Ostseite vom mächtigen Drachen, die Westseite vom sanfteren Tiger. Wichtigstes Prinzip

aber ist die Einteilung der Fläche in neun Bagua-Zonen: Hilfreiche Freunde, Karriere, Wissen, Kinder, Familie, Partnerschaft, Ruhm und Reichtum, die sich um ein Zentrum (Tai Chi) gruppieren.

Nimmt man als Planer die Gestaltungsgrundsätze genauer unter die Lupe, findet man darin viele Kriterien wieder, die auch in Europa seit Jahrhunderten bekannt sind und angewendet werden. Nur haben wir Europäer keine so anschauliche Bildsprache dafür entwickelt, sondern bezeichnen unsere Ideen mit abstrakten Begriffen wie „Raumbildung", „fließende Übergänge" oder „Rahmenbildung". Ziel jeder Gestaltung auf dieser wie jener Seite der Erde ist es, eine Atmosphäre zu schaffen, in der sich der Mensch

wohl fühlt. Dafür grenzt man die Flächen beispielsweise mit schützenden Rahmen ab (= Himmlische Tiere), lässt aber gen Süden den Blick über die Landschaft schweifen (= Phoenix). Die Flächen werden in unterschiedlich ausgestattete Räume eingeteilt (= Bagua-Zonen), damit man sich je nach Stimmung in verschiedene Umwelten zurückziehen kann. Auch die Bildung eines klaren Zentrums (= Tai Chi) ist gängige Praxis. Dominante Elemente (= Feuer, Metall) werden sehr dezent eingesetzt, während warme Farben und weiche Formen (= Erde, Holz) großflächiger wirken dürfen. Das Element Wasser fehlt so gut wie nie. Kurzum: Man kann seinen Wintergarten auch nach europäischen Planungsmethoden wohnlich und schön gestalten.

Kamelien: Die Rosen des Winters

Obwohl Kamelien schon seit Jahrhunderten wegen ihrer üppigen, an Rosen erinnernden Blüten beliebt sind, entdeckt man erst allmählich, was noch alles in ihnen steckt. Viele Sorten sind weitaus frosthärter, als man bislang angenommen hat! Immer mehr halten deshalb Einzug in die Beete kalter Wintergärten und sogar in unsere Gärten, wo ihnen das Klima weitaus besser zusagt als in ständig beheizten Wohnräumen. Hier werden Kamelien rasch ihre Blütenknospen ab. In 0 bis 10°C kühlen, absonnigen Räumen bei hoher Luftfeuchte fühlen sich Japanische Kamelien (*Camellia japonica*) zur (spät-)winterlichen Hauptblütezeit zwischen Dezember und März dagegen sehr wohl. Sasanqua-Kamelien (*Camellia sasanqua*) blühen dagegen schon im Herbst und einige davon duften herrlich.

Kamelien wecken die Sammelleidenschaft

Frostgrade:
leichter Frost =
−5°C;
strenger Frost =
−10°C bis
−15°C;
Dauerfrost =
−20°C.

Über 20.000 Sorten, die vorwiegend aus Japan, China, Neuseeland und den USA stammen, werden weltweit geführt. Hierzulande bekommt man in Spezialgärtnereien mehrere hundert Arten und Sorten. Sie können wählen zwischen einfachen, halb- und vollständig gefüllten, anemonen-, päonien- und rosenförmigen Blüten, die Durchmesser bis zu 15 cm erreichen können! Der Flor präsentiert sich in verschiedensten Rot-, Rosa-, Pink-, Lachs- und Weißtönen, ja sogar mehrfarbig gestreifte oder gesprenkelte Variationen sind erhältlich. Gelbe Farbtöne sind sehr rar (z.B. 'Jury's Yellow'), blaue fehlen völlig. Dafür sind die glänzenden, tief dunkel-

Rote Kamelien

Sorte	Blütenform	Frosttoleranz
'Blood of China'	halb gefüllt	strenger Frost
'Bob Hope'	halb gefüllt	leichter Frost
'Coquettii'	vollständig gefüllt	strenger Frost
'Grand Prix'	halb gefüllt	strenger Frost
'Kramers Supreme'	päonienförmig	strenger Frost
'Mathotiana'	vollständig gefüllt	strenger Frost
'Tomorrow'	halb gefüllt	leichter Frost

Rosafarbene Kamelien

'Barbara Woodroof'	anemonenförmig	strenger Frost
'Debutante'	päonienförmig	kein Frost
'Guilio Nuccio'	halb gefüllt	strenger Frost
'Mrs. Tingley'	vollständig gefüllt	strenger Frost
'Scentsation'	päonienförmig	kein Frost
'Tomorrow's Dawn'	halb gefüllt	leichter Frost

grünen Blätter ein zusätzlicher Schmuck. Sie sind ledrig und sehr fest, für Schädlinge nicht gerade ein Leckerbissen. Blatt- und Schildläuse treten dementsprechend selten auf, sofern Temperatur und Luftfeuchtigkeit stimmen.

Die wichtigsten Pflegetipps

Das wichtigste Kriterium ist schon angesprochen worden: Kamelien lieben es im Winter kühl. Der Standort sollte beschattet sein, sonst verbrennen die Blätter und zeigen braune Flecken. Kamelien sind mit wenig Dünger zufrieden, da sie nur von April bis Juli wachsen. Ausgepflanzte Exemplare düngt man im Februar mit Langzeitdünger für Rhododendron, Kübel-Kamelien 14-tägig mit flüssigem Rhododendrondünger, denn die Asiaten lieben es sauer. Auch beim Umtopfen sollten Sie Moorbeet-Substrate verwenden. Gegossen wird ausschließlich mit kalkarmem Regenwasser. Über den Schnitt brauchen Sie sich kaum Gedanken zu machen. Kamelien wachsen

Die Pflege ist ganz einfach, wenn man sich an den Bedürfnissen von Rhododendren orientiert.

Wussten Sie...

…, dass Schwarzer und Grüner Tee aus den Blättern und Triebspitzen einer Kamelie (*Camellia sinensis*) gewonnen wird? Für Schwarzen Tee werden sie fermentiert, für Grünen nur getrocknet. Teepflanzen tragen attraktive, etwa 3 cm große, reinweiße Kamelienblüten.

TIPP

sehr langsam und natürlicherweise formschön heran. Möchte man dennoch Kronenkorrekturen vornehmen, ist dazu direkt nach der Blüte die beste Zeit, denn die neuen Knospen werden bereits im Verlauf des Sommers angelegt.

Weiße Kamelien

Sorte	Blütenform	Frosttoleranz
'Alba Simplex'	einfach	Dauerfrost
'K. Sawada'	vollständig gefüllt	Dauerfrost
'Nobilissima'	anemonenförmig	leichter Frost
'Nuccios Gem'	vollständig gefüllt	strenger Frost
'Shirobotan'	halb gefüllt	strenger Frost
'Snow Chan'	anemonenförmig	Dauerfrost
'White Nun'	halb gefüllt	leichter Frost

Mehrfarbige Kamelien

Sorte	Blütenform	Frosttoleranz
'Collettii'	rot-weiß marmoriert	Dauerfrost
'Donckelarii'	rot, weiß gefleckt	Dauerfrost
'Kick-Off'	hell- / dunkelrosa	strenger Frost
'Lavinia Maggi'	weiß, rot gestreift	leichter Frost
'Lady Vansittart'	weiß, rosa gestreift	strenger Frost
'Tricolor'	weiß, rosa gestreift	Dauerfrost

Bambus: *Großartige Riesengräser*

Mehr als 1000 Bambus-Arten und -Sorten zählt man weltweit. Viele davon sind auch aus den europäischen Pflanzensortimenten nicht mehr wegzudenken. In privaten Wintergärten werden die Riesengräser, die auch Zwergformen mit weniger als 150 cm bereit halten, jedoch nur zögerlich eingesetzt. Dabei vereinen sie eine Vielzahl von Qualitäten in sich: Sie bieten dichten, aber gleichzeitig lichtdurchlässigen Sichtschutz, spenden sanften Schatten, kaschieren als Bodendecker offene Bodenflächen oder rahmen als geschnittene „Hecken" Grundbeete ein. Das Rascheln ihrer immergrünen Blätter bei geöffneten Fenstern wirkt beruhigend und entspannend. Im Sonnenlicht blitzen die häufig behaarten Blätter in allen Facetten. Aus den stabilen Halmen lassen sich Zäune, Möbel oder Wasserspiele (Klipp-Klapps) anfertigen. Nicht zuletzt kann man von zahlreichen Arten die jungen Sprosse ernten und essen, wenn sie 10 bis 20 cm groß sind (z.B. *Sasa palmata*, *Chimonobambusa tumidissinoda*, *Pleioblastus hindsii*, *Semiarundinaria fastuosa*, *Phyllostachys*-Arten: *P. aurea*, *P. aureosulcata*, *P. dulcis*, *P. glauca*, *P. nidularia*, *P. nuda*, *P. praecox*, *P. propinqua*). Gekocht sind sie ein Genuss, der mit Bambus-Sprossen aus der Dose nicht vergleichbar ist! Die Auswahl für Gestaltungszwecke ist riesig und bietet neben auffällig gefärbten (z.B. *Semiarundinaria yashadake* 'Kimmei') oder gestreiften Halmen (z.B. *Bambusa multiplex* 'Alphonse Karr') buntlaubige Sorten (z.B. *Pleioblastus shibuyanus* 'Tsuboi', *Hibanobambusa tranquillans* 'Shiroshima'). Sie können wählen zwischen „Bodendeckern", kleinen und mittelgroßen Wuchsformen (siehe Tabelle).

Bestimmte Bambus-Arten können 60 cm pro Tag wachsen. In Töpfen bleibt ihr Wuchs jedoch gemäßigt.

Zwerg-Bambus

Name	Halme / Blätter	Höhe / Frosthärte
Pleioblastus fortunei	grün / grün-weiß gestr.	0,3 bis 1 m / −20°C
Pleioblastus viridistriatus	grün / gelb-grün gestr.	0,3 bis 1,5m / −20°C
Sasa admirabilis	grün / grün, sehr groß	0,5 bis 1 m / −15°C
Shibataea kumasaca	grün / grün	0,5 bis 1,5m / −20°C

Kleiner Bambus

Name	Halme / Blätter	Höhe / Frosthärte
Bambusa multiplex 'Elegans'	grün / grün, sehr klein	1 bis 3 m / −5°C
Chimonobambusa marmorea	grün / Herbst: rot	2 bis 2,5 m / −5°C
Fargesia nitida	variabel / hellgrün	2 bis 3m / −25°C
Hibanobambusa tranquillans 'Shiroshima'	grün / gelb-grün gestr.	2 bis 3 m / −20°C
Pleioblastus shibuyanus 'Tsuboi'	gelb / grün-gelb gestr.	1,5 bis 2 m / −15°C
Sasa palmata 'Nebulosa'	schwarz / grün, groß	2 bis 3 m / −15°C
Sasa tessellata	grün / grün, sehr groß	1,5 bis 2 m / −15°C
Sasa tsuboiana	grün / grün	1,5 bis 2 m / −20°C

Bambuswälder unter Glas

Streifenweise schöne Muster zeigt *Phyllostachys pubescens* 'Bicolor'.

Im Schutz eines Wintergarten fühlen sich Bambusgräser besonders wohl, da sie hier vor Wind geschützt sind, der sie im Freien leicht austrocknet – vor allem in den Wintermonaten. Hält man die Wurzeln stets feucht, sprießen immer neue Halme aus den kriechenden Wurzelstöcken (Rhizome). Stark Ausläufer treibende Arten kultiviert man besser in Töpfen oder senkt sie samt Pflanzgefäß in die Grundbeete ein. Alternativ bieten sich Rhizomsperren an – feste, 50 bis 70 cm breite und beliebig lange Plastikbahnen, die man senkrecht in den Boden als Stopper eingräbt. In Bankbeeten steht ihnen ohnehin ein nur begrenzter Wurzelraum zur Verfügung. Bei überhand nehmenden Horsten sticht man im Frühjahr die äußeren Sprosse mit einem Spaten ab oder kappt die Halme konsequent an der Basis.

Die richtige Pflege

Bambus bevorzugt lockere, durchlässige Erde, die ruhig kalkhaltig sein darf (pH-Wert 7 bis 8,5) und immer feucht gehalten werden sollte. Der Standort ist idealerweise sehr hell (über 2000 Lux) und die Luftfeuchtigkeit über 70 %. Dünger verlangen die asiatischen Gräser nicht mehr als andere Wintergartenpflanzen. Mit Kälte haben die meisten Bambusgräser keine Probleme. Viele sind frostfest bis –20 °C. Weit mehr Exemplare vertrocknen im Winter als dass sie erfrieren! Achten Sie deshalb auch im Wintergarten in der kalten Jahreszeit auf eine konstante Bodenfeuchte und schattieren Sie die Horste, wenn die Wintersonne bei zeitgleich gefrorenem Boden zu viel Kraft hat.

Mittelhoher Bambus

Name	Halme / Blätter	Höhe / Frosthärte
Arundinaria kunishii	gelblich / grün	3 bis 5 m / –5 °C
Bambusa multiplex 'Alphonse Karr'	gelb-grün gestreift / grün	2 bis 3 m / –5 °C
Bambusa ventricosa	bauchig verdickt / grün	3 bis 6 m / 0 °C
Chimonobambusa quadrangularis	vierkantig, knotig / grün, fächerförmig angeordnet	3 bis 5 m / –5 °C
Chusquea coronalis	gelb / grün, sehr klein	2 bis 3 m / +5 °C
Otatea acuminata	gelbgrün / grün, schmal-länglich	3 bis 4 m / +5 °C
Phyllostachys aurea	blaugrün bis gelb / hellgrün	6 bis 9 m / –20 °C
Phyllostachys aurea 'Holochrysa'	gelbrot / hellgrün	6 bis 9 m / –15 °C
Phyllostachys aureosulcata	grün / grün	5 bis 8 m / –20 °C
Phyllostachys aureosulcata 'Spectabilis'	rot-gelb-grün gestreift / grün	5 bis 8 m / –20 °C
Phyllostachys glauca	bläulich / grün	6 bis 8 m / –15 °C
Phyllostachys nidularia	grün, Knoten mit auffälligen Schutzblättern	6 bis 8 m / –15 °C
Phyllostachys nigra	schwarz / hellgrün	6 bis 8 m / –10 °C
Phyllostachys pubescens 'Heterocycla'	„geflochten" / grün	4 bis 6 m / –15 °C

Kältetolerante **Palmen**

Palmen aus Gebirgsregionen, Europa und Nordamerika sind an Kälte gewöhnt.

Um Palmen zu sehen, muss man in Europa nicht weit fahren. Kaum hat man die Alpen überquert, schmücken sie bereits die Gärten und säumen die Uferpromenaden der Seen und Küsten am Mittelmeer. Dabei sind die Landstriche beispielweise in Norditalien nicht frostfrei. Wie bei uns sinkt die Temperatur im Winter regelmäßig weit unter die Null-Grad-Grenze. Die Frostperioden sind jedoch meist nur von kurzer Dauer. In diesem Klima gedeihen zahlreiche Palmen problemlos! Denn längst nicht alle Palmen stammen aus den immerfeuchten Tropen. Viele sind in Gebirgsregionen zu Hause, in denen regelmäßig Schnee liegt. Die Hanfpalme (*Trachycarpus fortunei*) beispielweise lebt im Himalaya, Zwergpalmetto (*Sabal minor*), Sägepalmetto (*Serenoa repens*) und die Blaue Nadelpalme (*Rhapidophyllum hystrix*) im Südosten der USA. Sie alle vertragen Minusgrade bis −15 (−20)°C. Die Gelee-Palme (*Butia capitata*), Blaue Nadelpalme (*Tithrinax campestris*) und Chilenische Honigpalme (*Jubaea chilensis*) stammen aus Südamerika und vertragen −10 (−15)°C. Blaue Hesperidenpalme (*Brahea armata*) und Petticoat-Palme (*Washingtonia robusta*) sind im mexikanischen Niederkalifornien beheimatet und vertragen etwa −5°C. Zwei Palmen-Arten sind sogar in Europa beheimatet, die Kretische Dattelpalme (*Phoenix theophrasti*) auf Kreta, die Zwerg-Palme (*Chamaerops humilis*) in Spanien, Frankreich und Nordafrika.

Viele Vertreter der Palmenfamilie (Arecaceae; früher: Palmae) sind heute in aller Welt verbreitet, da sie vom Menschen schon vor Jahrtausenden in Kultur genommen wurden. So ist die Herkunft der Echten Dattelpalme (*Phoenix dactylifera*) nicht

Palmen sorgen mit ihren großen Wedeln für einen grünen Rahmen in Wintergärten.

mehr eindeutig zu ermitteln. Die Kanarische Dattelpalme (*Phoenix canariensis*) stammt dagegen mit hoher Wahrscheinlichkeit von den Kanarischen Inseln vor den Küsten Afrikas. Sie verträgt kurzfristig −5°C.

Palmen mit Herz

Palmen haben ein deutlich anderes Wuchsverhalten als Laubbäume oder Sträucher. Sie wachsen zumeist einstämmig und ihr einziger Vegetationspunkt oder -kegel liegt an der Spitze des Stammes. Nur hier können neue Blätter gebildet werden, weshalb man ihn als „Herz" der Palme bezeichnet. Der Stamm erreicht oft schon seine endgültige Dicke, bevor er die Endhöhe erreicht hat. Die Blattflächen werden im Inneren zunächst ungeteilt, aber bereits gefaltet angelegt und spalten sich erst auf, wenn sie den Stamm verlassen. Da Palmen zu den einkeimblättrigen Pflanzen zählen, entwickeln sie zunächt gleichförmige, längliche Blätter, die nur ein Fachmann artspezifisch unterscheiden kann. Oft entsprechen auch die Jugendblätter in ihrer Form nicht der Altersform (z.B. Betelnuss-Palme, *Areca catechu*), so dass eine Bestimmung sehr schwierig ist. Ausgewachsene Palmen tragen eine stets fast gleiche Anzahl von Blättern. Kommt ein neues hinzu, wird ein älteres aus dem unteren Kronenbereich braun und stirbt ab. So trägt eine ausgewachsene Hanfpalme (*Trachycarpus*) relativ konstant 20 bis 30 Blätter, eine Blaue Hesperiden-Palme (*Brahea*) 50 bis 60 und eine Kanarische Dattelpalme (*Phoenix*) 50 bis 100 Wedel. Bei vielen Palmen fallen die Wedel jedoch nicht ab, sondern legen sich wie ein „Rock" um die Stämme. Diese Eigenschaft drückt sich treffend im Namen der Petticoat-Palme (*Washingtonia*) aus.

Notieren Sie schon beim Kauf den Artnamen Ihrer Palme, um später jederzeit die Standort- und Pflegeansprüche nachlesen zu können.

Kältetolerante Palmen

1 Petticoat-Palme
(Washingtonia filifera)

Von ihrer Schwester, *W. robusta*, unterscheidet sich diese Art durch einen dickeren Stamm und weiße Fasern an ihren Blatträndern. Das macht sie zur attraktiveren von beiden. Sie zählen zu den vergleichsweise raschwüchsigen Palmen. Der Präsidenten-Name „Washingtonia" weist auf ihre Herkunft hin: Sie stammen aus Kalifornien (USA) und Niederkalifornien (Mexiko). **Pflege:** Durch die großflächigen Fächer verdunsten Petticoat-Palmen verhältnismäßig viel Wasser, das reichlich nachgefüllt wird, sobald die Erde gut abgetrocknet ist. Halbschattige Plätze sind diesen Palmen erfahrungsgemäß lieber als vollsonnige. **Gesundheit:** Problemlos; −5°C. **Verwendung:** Aufgrund des schlanken Wuchses schöne „Türsteher".

2 Kanarische Dattelpalme
(Phoenix canariensis)

Die gefiederten Wedel dieser millionenfach kultivierten Art sind schon in jungen Jahren sehr lang. Bevor die Stammbildung einsetzt, erreichen sie bereits 2 m, später 3 bis 4 m. Die Stämme sind zunächst von kugeliger Form. Erst im Alter entwickeln sie allmählich die typischen „Kegel". **Pflege:** Die Verwandten der Echten Dattelpalme (*P. dactylifera*) lieben vollsonnige Plätze. Da sich die Fieder zu einer relativ großen Blattfläche aufsummieren, ist der Wasserbedarf groß. Aufgrund des schnellen Wachstums schieben sich die Wurzeln rasch aus den Töpfen. Verwenden Sie deshalb möglichst tiefe Pflanzgefäße. **Gesundheit:** Sehr robust; −5°C. **Verwendung:** Die ausladenden Kronen brauchen sehr viel Platz.

3 Blaue Hesperidenpalme
(Brahea armata)

Die Fächer dieser ebenfalls in Kalifornien (USA, Mexiko) beheimateten Art sind unter- und oberseits stahlblau, wie sonst kaum eine Palme. Sie wächst sehr langsam, die Blattstiele sind kurz bedornt. **Pflege:** Die schöne Färbung der Blätter ist umso intensiver, je vollsonniger und heißer der Standort ist. Bei Lichtmangel vergrünen sie. **Gesundheit:** Während viele Fächerpalmen bei Lufttrockenheit und Hitze oft unter Spinnmilben leiden, bleibt diese sehr langsam wachsende Art selbst im Hochsommer zumeist verschont. Das Temperaturminimum liegt bei etwa −5°C. **Verwendung:** Die blaugraue Farbe ihrer Blätter erfordert für diese edle und zu Recht hochpreisige Palme einen Einzelstand.

Palmen sind wasserscheu

Die meisten Palmen kommen mit kargen Bedingungen bestens zurecht. Mit ihren extrem tief reichenden Wurzeln gelingt es ihnen, bis zu Wasser führenden Schichten vorzudringen. So wachsen sie scheinbar mitten in der Wüste im Bereich von Oasen oder trocken gefallenen Flussbetten, sie wurzeln an Sandstränden oder in Regionen, wo im Sommer monatelang kein Tropfen Wasser fällt. Doch eines vertragen außertropische Palmen nicht: Nässe im Kronenbereich. Ist das „Herz" der Palmen ständig nass, setzt Fäulnis ein. Und ist der einzige Vegetationspunkt einmal zerstört, wächst die Palme nicht mehr weiter und stirbt bald ab.

Gießen Sie Palmen lieber seltener, dann aber durchdringend.

In unseren Breiten wirkt sich bei einem Platz im Freien die Kombination tiefer Wintertemperaturen mit lang anhaltender Nässe fatal aus: Hier fault das Herz der Pflanzen infolge ständiger Nässe durch Regen oder Schnee rasch. Trockene Kälte unter Glas ist dagegen für viele Palmen überhaupt kein Problem und sie kommen dann selbst bei Minusgraden im Wintergarten ohne Heizung aus. Die Wurzelballen frieren dabei bis in Zentrum durch – und das oft tagelang! Kleine wie große Exemplare überstehen diese Kälte problemlos, ja sie gehen sogar gestärkt aus den Wintermonaten hervor, da Schädlinge wie Spinnmilben ausbleiben.

Maßnahmen gegen „kalte Füße"

Palmen-Arten in Töpfen, die Kälte weniger gut tolerieren, können Sie zum Schutz der Wurzeln gegen Durchfrieren mit Kokosmatten oder Luftpolsterfolie umwickeln oder in Grundbeeten die Erde mit einer dicken, trockenen Laubschicht zur Isolierung abdecken, die Sie im Frühjahr wieder entfernen. Junge Palmen in klei-

Extrem kälteverträgliche Palmen

1 Hanfpalme
(Trachycarpus fortunei)

Diese mittelhohen Fächerpalmen sind wegen ihrer extremen Frosthärte (–15°C) bekannt und beliebt. Ihre Stämme sind von braunen Fasern umgeben, deretwegen man die mäßig wüchsigen Palmen in aller Welt angepflanzt hat, um daraus Seile und Matten zu weben. Nicht zuletzt blühen und fruchten sie in Wintergartenkultur sehr zuverlässig.
Pflege: Die ostasiatischen Palmen sind ausgesprochen anspruchslos und kommen mit Sonne wie Halbschatten gleichermaßen zurecht. Selbst grobe Pflegefehler von Einsteigern nehmen sie nicht übel.
Gesundheit: Sehr robust; –15°C.
Verwendung: Klassische Palmen, die sich ebensogut in gemischte Pflanzungen einreihen, wie sie ihnen als Solitärs vorstehen.

2 Zwergpalme
(Chamaerops humilis)

Zwergenhaft ist die Zwergpalme mit bis zu 5 m Endhöhe wahrlich nicht. Doch in jungen Jahren verzettelt sie sich zunächst, da sie als eine der wenigen Palmen mehrstämmig wie ein „Busch" heranwächst. Und wer gleich mehrere Stämme zu versorgen hat, kann natürlich nicht jeden mit voller Kraft in die Höhe schieben. Die Blattstiele sind kurz bedornt.
Pflege: Die robuste Art passt sich an vollsonnige Standorte ebenso an wie an halbschattige, wobei hier der Wuchs noch einmal gedrosselt wird. Der Wasser- und Düngerbedarf ist gering.
Gesundheit: In kalten Wintergärten völlig unproblematisch. –10°C.
Verwendung: Buschige Art, die sich als Unter- oder Vorpflanzung für schlankwüchsigere Palmen eignet.

nen Töpfen sind frostempfindlicher als alte Exemplare. Stellen Sie die Pflanzgefäße zudem erhöht auf (zum Beispiel auf Podesten, Tischen oder Regalen), denn kalte Luft sammelt sich am Boden, warme steigt dagegen nach oben.

Ganz schön stämmig

Wer kleine Kinder hat, sollte die meist harten Stacheln der Palmen an den Blattstielen oder Stämmen abschneiden.

Viele Palmen werfen ihre alten Blätter natürlicherweise nicht ab. Sie dienen als Schutzmantel um die Stämme, die Hitze, Feuer und Fraßschäden fernhalten. Bei Kultur-Palmen empfindet man den Blätterpelz jedoch zumeist als störend. Deshalb trennt man braune Blätter regelmäßig ab. Dabei nimmt man eine kräftige Baumschere oder eine Baumsäge zur Hand, denn die Stiele sind hart. Setzen Sie den Schnitt nicht direkt am Stamm an, sondern lassen sie ein kurzes Stielstück stehen. Würde man auch noch die zumeist dreieckige, oft faserige Stielbasis entfernen, wäre das kein optischer Gewinn. Die Stämme stehen dann nackt da und sehen spindeldürr aus. Da Palmen kein sekundäres Dickenwachstum haben, stimmen die Porportionen zwischen den jährlich größer werdenden Blätterkronen und den schmächtigen Stämmen nicht mehr.

Vorsicht, Spinnmilben!

Obwohl man sich im kalten Wintergarten weit weniger Sorgen um Schädlinge machen muss als im warmen, sollte man die Palmwedel verstärkt auf Spinnmilben (Seite 155) kontrollieren, die bei einer Luftfeuchte unter 50% massiv auftreten können. Vorbeugend sollten Sie mit Zimmerbrunnen oder Wasserschalen, die stetig Wasser verdunsten, Lufttrockenheit entgegenwirken (Seite 81).

3 Geleepalme
(Butia capitata)

Diese Südamerikaner sind die „Struwelpeter" unter den Palmen. Ihre blaugrünen Fieder-Wedel sind in der Mitte V-förmig zusammengefaltet, doch die einzelnen Fiederblätter knicken in alle erdenklichen Richtungen um. Der Stamm ist mit Blattbasen bedeckt, die keiner gleichmäßigen Ordnung folgen.
Pflege: Ob in großen Pflanzgefäßen oder auch ausgepflanzt in Grundbeeten – Geleepalmen passen sich rasch an ihre neue Umgebung an und erfordern kaum Pflege.
Gesundheit: In kalten Wintergärten sind Schädlinge kein Thema; –10°C.
Verwendung: Trotz ihres wirr wirkenden Aussehens bleiben die Kronen kompakter als beispielsweise die der Dattelpalmen (*Phoenix*). In die Statik reiner Palmen-Sammlungen bringen sie frischen Schwung.

4 Zwergpalmetto, Sabal
(Sabal minor)

Das auffälligste Merkmal dieser Palmen ist der fehlende Stamm. Er wird unterirdisch angelegt. Überirdisch bildet sich ein Schopf v-förmig gefalteter, blau-grüner Fächer-Wedel. In ihrer Heimat Florida bilden sie den flächendeckenden Unterwuchs sumpfiger Wälder.
Pflege: Entsprechend ihrer Herkunft sind Sabal-Palmen im Vergleich zu anderen Vertretern der Arecaceae sehr durstig. Die Erde sollte stets leicht feucht gehalten werden. Der Nährstoff-Verbrauch ist dagegen aufgrund des langsamen Wuchses gering.
Gesundheit: Bei niedriger Luftfeuchtigkeit im Sommer können Spinnmilben auftreten; –15°C.
Verwendung: Buschige Palmen zur Unterpflanzung, die so hoch wie ihre Blätter lang werden: 1,5 bis 2 m.

5 Chilenische Honigpalme
(Jubaea chilensis)

Dass diese Fiederpalmen sehr frosttolerant sind, ist bislang kaum bekannt. Die Blätter werden mit 2 bis 3 m sehr lang und hängen elegant über. Der Stamm ist hellgrau und glatt, wenn die Blattbasen abfallen. In ihrer chilenischen Heimat erreichen die Stämme über 1,5 m Durchmesser. Damit zählt sie zu den dickstämmigsten Palmen weltweit. Doch dazu braucht es viele Jahrzehnte, denn sie wächst langsam.
Pflege: Völlig anspruchslose Art, die vollsonnige Plätze bevorzugt und teilsonnige akzeptiert. Der Wasser- und Düngerbedarf ist gering.
Gesundheit: Wenig anfällig gegenüber Krankheiten und Schädlingen; bis –10°C vertragend.
Verwendung: Für die ausladenden Fiederblätter muss man entsprechend Platz einkalkulieren.

Wüstenartige Wintergärten

Zahlreiche Kakteen sind so frosthart, dass man sie im Garten auspflanzen kann.

Der raue Charme der Wüstenflora weckt in vielen Menschen die Sammelleidenschaft. Was mit wenigen Miniaturausgaben von Kakteen auf der Fensterbank beginnt, wird bald zu einem Hobby, das nach einem größeren Refugium verlangt. Kalte bis temperierte, sicher frostfreie Wintergärten sind hierfür ideal, auch wenn man mit „Wüste" oft andere Temperaturen assoziiert. Je nach Pflanzenart genügen Wintertemperaturen von 0 bis 10°C. Besonders kältetolerant sind Feigen-Kakteen (*Opuntia*: z.B. *O. polyacantha*, *O. compressa*, *O. fragilis*, *O. erinacea* var. *utahensis*, *O. phaeacantha*), die sogar unsere Winter ausgepflanzt im Freien überstehen! Ebenfalls kältefest sind *Maihuenia poeppigii*, *Pediocactus simpsonii*, *Pterocactus kuntzei*, *Escobaria missouriensis* oder *Echinocereus*-Arten (*E. chloranthus*, *E. fendleri*, *E. triglochidiatus*). Osterkaktus (*Rhipsalidopsis*) und Weihnachtskaktus (*Epiphyllum*) dürfen dagegen nicht kälter als 10°C stehen.

Kakteen und ihre Verwandten

Die bekanntesten Vertreter der Wüstenflora sind die Kakteen, die eine mitgliederreiche Familie bilden (Cactaceae). Sie stammen ausschließlich aus Nord,- Mittel-

Inseln der Pflanzenvielfalt

Die Flora der Kanaren – einzigartig und formenreich

Viele Inseln hatten in erdgeschichtlicher Zeit Verbindung mit einer größeren Landmasse. Nach der Trennung vom Festland durch geologische Prozesse haben sie zwar die Pflanzenwelt mitgenommen. Durch die Isolation haben sich viele Arten jedoch eigenständig weiterentwickelt. Die Kanarischen Inseln im Atlantik (Gran Canaria, Teneriffa, Lanzarote, Fuerte Ventura, La Palma, Hierro, Gomera) sind reich an solchen „Einsiedlern". In botanischen Gärten fasst man sie gerne als eigenständige Formation zusammen. Und das können Sie zu Hause in Ihrem kalten, aber frostfreien Wintergarten ebenfalls tun! Zu den bekanntesten Kanarenpflanzen zählt der Drachenbaum (*Dracaena draco*, Seite 79). Doch auch die bei uns am weitesten verbreitete Dattelpalme (*Phoenix canariensis*) hat ihren Ursprung auf den beliebten Urlaubsinseln. Hinzu kommt die Isoplexis (*Isoplexis canariensis*, Seite 152), die mit ihren langen, orangebraunen Blütenkerzen sicher bald überall erhältlich sein wird. Ein weiteres Kleinod ist der Papageienschnabel (*Lotus berthelotii*) aus Teneriffa mit seinen gebogenen, feuerroten Blüten. Ebenfalls ein prachtvoller Blüher ist der Stolz-von-Madeira (*Echium candicans*, Seite 53) von den Azoren.

Besonders markant sind die riesigen Blütenkerzen des Graulaubigen Natternkopfs (Echium), den man auch Stolz-von-Madeira nennt (Seite 53).

Die beliebtesten Kakteen für kalte Wintergärten (0–10°C im Winter)
Stern-Kaktus (*Astrophytum*)
Igel-Kaktus *(Echinocactus)*
Igel-Säulenkaktus (*Echinocereus*)
Kugel-Kaktus (*Echinopsis*)
Teufelszunge *(Ferocactus)*
Gymnocalycium *(Gymnocalycium)*
Schnapskopf *(Lophophora)*
Warzen-Kaktus (*Mammillaria*)
Melonen-Kaktus (*Melocacutus*)
Weitere Arten: *Acanthocalycium, Coryphan-ta/Escobaria, Espostoa, Lobivia, Notocactus, Trichocereus, Oreocereus, Parodia, Rebutia, Thelocactus*

und Südamerika. Wolfsmilchgewächse (Euphorbiaceae) sind dagegen auf der ganzen Welt verbreitet. Zahlreiche Arten dieser Großfamilie haben ein kakteenartiges Aussehen und werden deshalb oft unter den „Kakteen" zusammengefasst. Doch auch mit diesen beiden Gruppen ist nur ein kleiner Bruchteil der Wüstenflora beschrieben! Agaven (Agavaceae) sowie Dickblattgewächse (Crassulaceae) aus Mexiko mit Echeverien (*Echeveria*) und Kalanchoe (*Kalanchoe*) gesellen sich dazu, Aloe-Arten (Aloaceae) und Aasblumen (*Stapelia*) aus Südafrika, sogar Fetthennen (*Sedum*), Steinbrech-Arten (*Saxifraga*) oder Greiskräuter (*Senecio*) aus verschiedenen Erdteilen einschließlich Europa finden in Wintergärten ein neues Zuhause.

Blühgewaltige Trockenkünstler

Sie alle haben Strategien entwickelt, um mit monatelangen, oft jahrelangen Trockenzeiten zurecht zu kommen. Eine der wichtigsten Anpassungen ist die Fähigkeit, Wasser in den Sprossen oder Wurzeln einzulagern. Fällt dann endlich wieder Regen, bringen sie wunderschöne, leuchtend gefärbte, glänzende oder samtig schimmernde Blüten hervor, die man angesichts der dicken, oft dicht bewehrten Sprosse oder Blätter nicht vermuten würde. Sukkulente haben einen unwiderstehlich rauen Charme.

Wüsten-Landschaften unter Glas

Auf Tischen rücken kleine Sukkulente näher an den Betrachter heran.

Wenn von „Wüsten" die Rede ist, denkt man spontan an Sand und Dünen. Hier können jedoch Pflanzen mit dauerhaften Organen nicht überleben. Stattdessen stammen die meisten hierzulande kultivierten Arten aus Steinwüsten. Und in einem ebensolchen Umfeld fühlen sie sich auch im Wintergarten wohl. Steine speichern die Wärme des Tages und geben sie in der Nacht als „natürliche Heizung" wieder ab. Sie bieten Schatten und kleine Nischen, in denen sich feuchtere Luft sammeln kann. Je nach Herkunftsgebiet bevorzugen die einzelnen Pflanzenarten unterschiedliche Bodenbedingungen. Die Mehrzahl ist an extrem nährstoff- und humusarme Böden angepasst. Diese enthalten kaum Kalk und sind im pH-Wert leicht sauer. Kalkgesteine, wie man sie für alpine Steingärten im Garten verwendet, scheiden deshalb in vielen Fällen aus. Prüfen Sie die Ansprüche Ihrer Schützlinge vor der Auswahl des geeigneten Steinmaterials.

Da Sukkulente in der Regel nur sehr langsam an Größe und Höhe zulegen, sollten Sie die Pflanzen hochheben und damit in Augenhöhe rücken. Das gelingt mit Aluminiumtischen, wie sie im Gartenbau üblich sind. Sie bestehen aus großen Wannen mit Wasserabzug und stehen auf stabilen Füßen. Darauf wird das Kakteensubstrat modelliert und mit Hilfe größerer Steinbrocken in eine Miniatur-Steinwüste verwandelt. Wer sich von Anfang an große und alte Kakteen zulegen möchte, die entsprechend hochpreisiger sind, gestaltet diese Landschaften in Grund- oder Bankbeeten. Botanische Gärten bieten Anregungen für gelungene Gestaltungen.

TIPP

Wussten Sie...

..., dass sich Wüstengärten hervorragend mit Wasser kombinieren lassen? Der Konstrast ist einfach umwerfend. Da der Boden mit kleinen Erhebungen und Mulden bewegt gestaltet wird, lässt sich sicher ein Hügel finden, von dem ein kleiner Bachlauf herabrinnt.

Pflege? Kaum der Rede wert!

In Wüstengärten empfiehlt sich eine Tröpfchenbewässerung.

Wüstengärten sind sehr einfach zu pflegen. Die meisten Kakteen werden im Winter völlig trocken gehalten. Auch im Sommer brauchen Sukkulente erst dann wieder Wasser, wenn die Erde völlig abgetrocknet ist. Achten Sie darauf, dass beim Gießen die Pflanzenkörper nicht benetzt werden. Das kann zu Brandflecken durch

Sukkulente, die es in sich haben

1 Aloe
(Aloe)

Vor allem eine der etwa 300 Mitglieder starken, afrikanischen Gattung erfreut sich derzeit großer Beliebtheit: Der Saft der *Aloe vera* wird als immunstärkendes Mittel, zur Förderung der Wundheilung und für die Kosmetik eingesetzt. Häufig wird sie dabei als *Aloe barbadensis* 'Miller' bezeichnet. Das ist jedoch ihr alter Name; der Anhang „Miller" bezeichnet ihren Benenner.
Pflege: *Aloe* brauchen viel Sonne bei mäßigen Wassergaben. Dann zeigen sie meist im Spätwinter ihre leuchtend gefärbten Blütenkerzen. Gedüngt wird 4 bis 5 Mal pro Jahr.
Gesundheit: Frost sprengt die wasserreichen Blätter. Je nach Art darf die Temperatur nicht unter 10 bis 5 °C fallen. Keine Schädlinge.
Verwendung: Pflegeleichte und ungewöhnliche Winterblüher.

2 Agave
(Agave)

Wer die harten Blattdornen und -spitzen der meisten Agaven scheut, findet in der Drachenbaum-Agave (*A. attenuata*) eine wehrlose Alternative, die bis zu 4 m hohe, silberkerzenartige Blüten hervorbringt, danach aber, wie alle Agaven, abstirbt. Wegen der Dornen ganz auf Agaven im Wüstengarten zu verzichten, ist jedoch unmöglich: zu vielfältig und attraktiv sind ihre akkurat geformten, grünen, grauen oder bunten Blattrosetten.
Pflege: Hauptsache, Sie gießen nie zuviel. Düngen Sie mäßig.
Gesundheit: Sollten Schädlinge auftreten, lassen sie sich von den glatten Blattflächen zumeist sehr leicht abwischen oder abspülen.
Verwendung: Wegen ihrer Bewehrung gehören Agaven in die Beetmitte und nicht in Wegnähe.

die Sonne (Brennglaseffekt) und zu Fäulnis führen. Dieser Rat ist jedoch bei einer Wüstenlandschaft mit zahlreichen Bewohnern leichter gesagt als befolgt. Mit einer Gießbrause kommt man hier nicht weiter. Anstatt jede Pflanze separat mit einer feinhalsigen Kanne zu wässern, ist es sinnvoll, eine Tröpfchenbewässerung in Erwägung zu ziehen. Sie wird sogleich mit der Anlage der Beete in das Substrat integriert und mit Steinen kaschiert. Der Bewässerungsrhythmus wird mit Hilfe eines preiswerten Mini-Computers auf entsprechend große Intervalle und kurze Laufzeiten eingestellt (Seite 28f.).

Andere unverwüstliche Pflanzen

Das Rosetten-Dickblatt macht immer eine gute Figur.

Doch nicht nur Sukkulente können einen Wüstengarten bevölkern. In Gebieten, in denen der Regen zwar einige Monate ausbleibt, aber sicher jedes Jahr fällt, kommen nicht sukkulente Pflanzen wie die Palmlilien (*Yucca*), Drachenbäume (*Dracaena*) oder Rauschöpfe (*Dasylirion*) hinzu (siehe unten). Ihre Blätter sind so derb, dass ihnen selbst stärkste Hitze kaum Feuchtigkeit entziehen kann. So erreichen sie erst im Alter unter Steppen-, Halbwüsten- oder Wüstenklima Höhen von mehreren Metern und dicke Stämme. In hiesigen Wintergärten herrschen für sie nahezu paradiesische Bedingungen und so entwickeln sie sich rascher als am Naturstandort. Die Größe von Palmlilien und Drachenbäumen lässt sich jedoch sehr gut zügeln, indem man ihre Triebspitzen kappt, sobald sie zu hoch werden. Selbst, wenn die Stämme danach völlig blattlos dastehen, sprießen nach zwei bis vier Monaten frische Blätter aus ihnen hervor.

Palmenähnliche Trockenkünstler

3 Rosetten-Dickblatt
(Aeonium)

Die Blätter dieser Wasser speichernden Dickblattgewächse formieren sich zu akkuraten Blattrosetten, die sich an Symmetrie mit Rosenblüten messen können. Die rotlaubige Sorte 'Atropurpurea' färbt sich umso intensiver, je höher die Sonneneinstrahlung ist. Im Winter vergrünen sie, um ihre Besitzer im Spätwinter mit imposanten, gelben Blütenrispen zu erstaunen.
Pflege: Der Wasserbedarf ist in heißen Sommern nicht zu unterschätzen. Die pflegeleichten Südeuropäer zeigen jedoch mit runzligen Blätter an, wann sie Durst haben. Die Erde sollte stark kiesig sein.
Gesundheit: Schädlinge jeder Art finden an den derben Blättern keinen Gefallen und verschonen sie.
Verwendung: Im Alter bis zu 80 cm hohe, formschöne Begleitpflanzen.

4 Drachenbaum
(Dracaena draco)

Auf den Kanaren zählen die Drachenbäume mit ihren mächtigen, vielfach verzweigten Kronen zu den Touristen-Attraktionen. Hierzulande findet man sie im Gegensatz zu anderen *Dracaena*-Arten fürs Zimmer leider nur selten in Kultur. Vielleicht liegt es daran, dass sie zunächst einstämmig wachsen und sich erst im Alter verzweigen.
Pflege: Drachenbäume haben eine dicke Haut, die sie vor Wasserverlusten schützt. Deshalb genügt es, alle paar Tage im Hochsommer mit der Gießkanne nach dem Rechten zu sehen, im Winter etwa alle drei Wochen. Gedüngt wird wenig.
Gesundheit: Schädlinge dringen nicht durch das dicke Schutzschild.
Verwendung: Hochwüchsiger Baum, der für Abwechslung inmitten niedriger Sukkulenter sorgt.

5 Rauschopf
(Dasylirion)

Die Blattspitzen dieser Gattung trocknen ein und spalten sich bei Arten wie *D. serratifolium* faserig auf, was sie wie einen Pinsel aussehen lässt. Die einzelnen, schmalen Blätter sind in ihrer Länge so fein aufeinander abgestimmt, dass sie perfekte Halbkugeln formen. Im Alter entwickelt sich aus den alten Blattbasen ein Stamm.
Pflege im Sommer: Die Mexikaner verlangen nichts als durchlässige, mit grobem Sand oder reichlich Kies vermischte Erde, die nur sporadisch gegossen wird und sich in der Sommersonne jeden Tag maximal erwärmt. Minimaler Düngerbedarf.
Gesundheit: Schädlinge würden sich an den harten Blättern, die bei vielen Arten auch bewehrt sind, die „Zähne ausbeißen".
Verwendung: Formschöne Solitärs.

Wasser im Wintergarten

Vor und hinter den Kulissen

Durch die gläsernen Fenster können Sie eine Teichfläche, die von zwei Vogelfiguren bewacht wird, ebenso genießen, als wäre sie innerhalb des Wintergartens. Der feine Unterschied ist, dass Teiche unter Glas wertvolle Fläche kosten. Legt man sie dagegen vor den Kulissen an, bleibt auch in kleinen Wintergärten mehr Platz für eine Sitzgarnitur und Pflanzen, ohne dass man auf das Element Wasser verzichten muss.

Spiegelbilder durch Glas und Wasser

Wie eine Wasserfläche bilden auch die Scheiben eines Wintergartens diejenigen Bilder ab, die sich in ihnen spiegeln. Besonders zu modernen Gestaltungen passt die geradlinige Wasserfläche vor dem Wintergarten, in der das Haus reflektiert wird. Setzen Sie die Bepflanzung zurückhaltend ein. Ein Ziergras als Eckposten und eine schön blühende Seerose genügen. Mehr Pflanzen würden das Bild zu stark dominieren.

Verzahnung von Innen und Außen

Ziel einer optimalen Gestaltung ist es, einen sanften Übergang vom Wintergarten in den Garten zu schaffen und die Glaswand nicht wie eine Barriere wirken zu lassen. So wid hier die kleine Wasserfläche im Inneren von einer Teichfläche im Freien weitergeführt. Zur Bepflanzung eignen sich immergrüne Gräser, die ganzjährig attraktiv sind. Von der Holzbrücke kann man an Sommertagen die Beine ins kühle Nass baumeln lassen.

Sprudler, Springbrunnen und Wasserfälle

Wasser sorgt für eine entspannte Atmosphäre und für ein angenehmeres Klima. Der Handel hält eine Fülle von Springbrunnen und Wasserspielen bereit. Gegen übermäßig viele Algen und grüne Beläge auf den Sprudelsteinen tauscht man das Wasser regelmäßig aus. Bei größeren Anlagen bietet sich der Einbau von Filtern an.

Ideen für Sie: **Wasser** im Wintergarten

Das leise Plätschern eines Springbrunnens, die spiegelnde Wasserfläche eines kleinen Teichs oder das Rauschen eines steinernen Bachlaufs oder Wasserfalls – was könnte man sich Schöneres zur Abrundung seines grünen Paradieses vorstellen?

Wasser marsch – von Anfang an

Wer allerdings erst nachträglich ein Wasserbecken in den Wintergarten einfügt, hat zumeist mit erheblichen Einschränkungen oder hohem baulichem Aufwand zu rechnen. Planen Sie deshalb Wasserspiele von Anfang an als festen Bestandteil Ihres Wintergartens ein. Dann kann das Becken im Zuge der Fundamentarbeiten gleich mitgegossen werden. Die Stromzuleitung für eine spätere Pumpe wird ebenso mit verlegt wie eine Wasserzuleitung und ein Ablauf. Während des Sommers lässt die Verdunstung den Wasserspiegel immer wieder absinken. Natürlich kann man mit einem Gartenschlauch nachfüllen, doch eine regulierbare Standleitung, die nicht zwingend mit Trinkwasser, sondern aus einem Regenwassertank gespeist wird, ist auf Dauer die bessere Lösung. Der Ablauf garantiert, dass man die Becken regelmäßig reinigen oder im Winter ablassen kann, wenn die Temperatur dauerhaft unter die Null-Grad-Grenze sinkt und ein Einfrieren des Wassers zu befürchten ist. Der Abfluss kann in einen Speicher im Garten (z.B. Regenwassersammler) münden oder in die Kanalisation. Ein Überlauf wie bei Gartenteichen ist dagegen nicht erforderlich, da Sie selbst die zulaufende Wassermenge gezielt steuern.

Verbessertes Kleinklima

Durch einen Springbrunnen bewegtes Wasser wird langsamer von Algen besiedelt und befeuchtet die Luft stärker als stehendes.

Ein Wasserspiel mit entsprechend hoher Verdunstung macht im Sommer das Klima im Wintergarten für Sie selbst und Ihre Pflanzen angenehmer. Doch auch eine Wasserfläche vor dem Wintergarten verbessert das Klima im Wintergarten. Vor allem durch tief gelegene Lüftungsklappen gelangt beim Lüften auf diese Weise wassergesättigte Luft in den Wintergarten, da sie vorher über dem Teich reichlich Feuchtigkeit getankt hat. Extrem trockene Luft, wie sie in einfach verglasten Anbauten im Sommer vorkommen kann, gehört dann der Vergangenheit an.

Ein schattiger Platz ist gefragt

Wie im Garten, so sollte man auch im Wintergarten darauf achten, dass die Wasserflächen nicht voll besonnt sind. Sonst heizt sich das Nass sehr schnell auf und bietet ideale Wachstumsbedingungen für Algen. Das Wasser wird von grünen Fäden durchzogen oder mit Algenpaketen bedeckt und beginnt bei starker Sauerstoffunterversorgung sogar unangenehm zu riechen. Steht kein schattiger Platz zur Verfügung, sorgt man mit Ufer-Pflanzen, aufgespannten Textilien (z.B. Sonnenschirm) oder Schwimmpflanzen für eine Schattierung. Letztere treiben auf der Wasseroberfläche, fangen mit ihrem Blattwerk das Sonnenlicht ein und verwerten es, bevor es das Wasser erreicht und erwärmt.

Der temperierte Wintergarten

Dieser Wintergarten-Typ ist das Bindeglied zwischen den kalten und warmen Glasanbauten. Bei Wintertemperaturen zwischen 5°C und 12 bis 15°C fühlen sich hier Arten aus Südamerika und Südafrika wohl, aber auch Pflanzen, die dem kalten und warmen Wintergarten zugeordnet wurden. Gemeinsam mit Duftpflanzen und Orchideen stehen Ihnen viele Blütenschönheiten zur Verfügung.

Südamerikanisches Flair für daheim

Peruanischer Pfefferbaum und Sesbanie beschirmen Veilchenstrauch, Hammerstrauch und gelbe Paradiesvogelblume. Den Wasserfall ziert eine Springbrunnenpflanze; davor steht ein Korallenstrauch.

Charakter-Pflanzen, leuchtende Farben und stimmige Accessoires versprühen südamerikanisches Temperament.

Der südamerikanische Kontinent hält eine Fülle überreich blühender und wüchsiger Arten für den temperierten Wintergarten bereit. Aus Nord- und Mittelamerika gesellen sich weitere Arten hinzu und erweitern das Sortiment. Doch damit nicht genug: Der temperierte Wintergarten ist ein Grenzgänger; seine Wintertemperaturen schwanken zwischen 5 und 12 (15)°C. Die Sommer sind gemäßigt hinsichtlich der Einstrahlungswerte, Luftfeuchte und Temperatur. Zahlreiche Arten aus dem kalten Wintergarten können in den temperierten Wintergarten aufrücken, sofern sie mit den gedrosselten Lichtverhältnissen klar kommen. Weitere Vertreter aus dem warmen Wintergarten, die mit Temperaturen um 10°C vorlieb nehmen, bereichern die Auswahl. So gesehen zählen die temperierten Wintergärten zu den artenreichsten überhaupt! Der Kern der Bepflanzung stammt jedoch aus zwei Gebieten: dem riesigen Kontinent Südamerika und dem Florenreich Südafrika.

Vielfalt außerhalb der Regenwälder

Obwohl man bei **Südamerika** unwillkürlich an das Amazonasgebiet mit seinen üppigen Regenwäldern denkt, bietet der Kontinent mit einer Nord-Süd-Ausdehnung von 7500 km eine enorme Bandbreite an Vegetationszonen. Sie reicht von

So groß der Kontinent ist, so vielfältig ist seine Pflanzenwelt. Unzählige Arten sind noch gar nicht erforscht oder warten darauf, als Zierpflanzen entdeckt zu werden.

extremen Trockenarealen bis hin zu subantarktischen Tundrengebieten. Für den Wintergartenbesitzer ist jedoch vor allem die Vegetation der Subtropischen Zone interessant, die sich an der Ostflanke des Kontinents (Chile, Peru) und im Bereich zwischen dem Südlichen Wendekreis (23°) und 40° südlicher Breite befinden. In Mittel-Chile herrscht ein mediterranes Klima wie in Sizilien (Winterregengebiet). Die Vegetation wird als Hartlaubvegetation eingestuft, obwohl die vorkommenden Gattungen und Arten natürlich andere sind als im Mittelmeerraum. Beispielsweise sind hier die Chilenische Honigpalme (*Jubaea*, Seite 75) oder der Weidenblättrige Hammerstrauch (*Cestrum parqui*) zu Hause. Im Osten des Kontinents erstrecken sich ausgedehnte Sommerregengebiete mit tropischen Trockenwäldern („campos cerrados"), in denen beispielsweise Brasilianische Guave (*Acca*, Seite 92), Gewürzrinde (*Senna*, Seite 87) oder Paradiesvogelbusch (*Caesalpinia*, Seite 91) zu Hause sind. In Uruguay finden sich Trockensavannen und steppenähnliche Gebiete. Ein typischer Vertreter hierfür ist der Peruanische Pfefferbaum (*Schinus molle*, Seite 86). In den Anden trifft man auf Dornstrauch- und Sukkulentenvegetationen, Trockensteppen und Halbwüsten, aber ebenso auf feuchte Hochlagenvegetation. Zu letzteren zählen die Veilchensträucher (z.B. *Iochroma fuchsioides, I. grandiflorum*).

In **Mittelamerika** finden sich die Heimatgebiete einiger weltweit als Zierpflanzen verbreiteter und hierzulande als Wintergartengäste hoch geschätzter Arten. Da das Klima stärker tropisch geprägt ist, besteht die Vegetation aus halbimmergrünen Regenwäldern, Feuchtsavannen und tropischen Trockenwäldern. Hier heimisch sind beispielsweise der Rote Hammerstrauch (*Cestrum elegans*, Seite 88) oder die

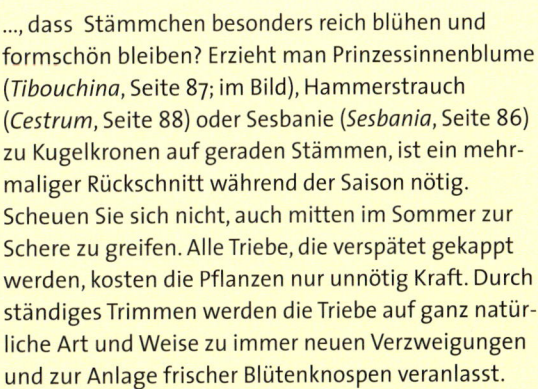

TIPP

Wussten Sie...

...,dass Stämmchen besonders reich blühen und formschön bleiben? Erzieht man Prinzessinnenblume (*Tibouchina*, Seite 87; im Bild), Hammerstrauch (*Cestrum*, Seite 88) oder Sesbanie (*Sesbania*, Seite 86) zu Kugelkronen auf geraden Stämmen, ist ein mehrmaliger Rückschnitt während der Saison nötig. Scheuen Sie sich nicht, auch mitten im Sommer zur Schere zu greifen. Alle Triebe, die verspätet gekappt werden, kosten die Pflanzen nur unnötig Kraft. Durch ständiges Trimmen werden die Triebe auf ganz natürliche Art und Weise zu immer neuen Verzweigungen und zur Anlage frischer Blütenknospen veranlasst.

Von **Fußstämmen** spricht man, wenn die Stammhöhe nicht mehr als 50 cm beträgt. **Halbstämme** beginnen ab 100 cm Stammhöhe und enden bei 150 cm. Darüber spricht man von **Hochstämmen**, unter deren Kugelkronen man hindurchlaufen kann.

Die Prinzessinnenblume blüht als Stämmchen sehr reich.

Echte Guave (*Psidium*, Seite 92). Das Klima ist durch mehr oder weniger ausgeprägte Trocken- und Regenzeiten gekennzeichnet. In den Trockenphasen werfen viele Pflanzen ihr Laub ab, um erst mit einsetzendem Regen wieder zu sprießen. Damit zeigen sie eine wichtige Parallele zu unseren mitteleuropäischen Laubwäldern, die ebenfalls mehrere Monate im Jahr laublos sind. Auch wenn die Ruhephase hier nicht durch Trockenheit, sondern durch Kälte ausgelöst wird, erleichtert es dieser Wechsel den Pflanzen, sich an unser Klima zu gewöhnen! Fröste sind in süd- und mittelamerikanischen Regionen dagegen selten, obwohl sie in Höhenlagern nachts durchaus auftreten können. Mexiko ist die Heimat bekannter Trockenkünstler wie der Agaven und Kakteen (Seite 76ff.).

> Laub abwerfende Pflanzen sind häufig im Vorteil gegenüber Immergrünen, da sie Notzeiten besser überdauern.

Geht man noch weiter in den Norden, bietet der Süden des nordamerikanischen Kontinents ebenfalls das richtige Klima, um Pflanzen für den Wintergarten zu stellen. In Kalifornien herrscht ein klassisch mediterranes Klima mit Hartlaubvegetation („chapparal"), wobei Fröste vor allem in Küstennähe jedoch eine Seltenheit sind. Deshalb fühlen sich viele nordamerikanische Arten wie die Felsenweide (*Dodonea viscosa*) aus Arizona, der Flanellstrauch (*Fremontodendron*) oder Erdbeerbaum (*Arbutus menziesii*) im temperierten Wintergarten wohler als im kalten.

Wechselbäder der Vegetation

Entsprechend ihrer Herkunftsgebiete sind die süd- und mittelamerikanischen Pflanzen nicht richtig immergrün und auch nicht wirklich sommergrün. Namen wie „halbimmergrüne Regenwälder" oder „tropische Trockenwälder" verdeutlichen diesen „Spagat". Holt man Pflanzen aus diesen Gebieten nach Europa, ver-

Charakterpflanzen Südamerikas

1 Peruanischer Pfefferbaum
(*Schinus molle*)

Diese Bäume bilden lockere Kronen, deren Zweige elegant herabhängen. Die pfeffrig riechenden Blätter sind fein gefiedert und von hellgrüner Farbe. Die gelben Blüten sind unscheinbar, nicht aber die roten Fruchtperlen, zu denen sie heranreifen. Sie schmecken scharf und werden als Gewürz genutzt. **Pflege:** Pfefferbäume sind ausgesprochen robuste Pflanzen, die selbst grobe Pflegefehler nicht übel nehmen. Je konstanter die Versorgung ist, umso gleichmäßiger entwickeln sich jedoch ihre Kronen und geben ihnen ein wasserfallähnliches Aussehen. Der Wasser- und Düngebedarf ist mäßig. **Gesundheit:** Die weitgehend immergrünen Kronen sind robust. **Verwendung:** Formschöne Schattenbäume mit hohem Nutzwert.

2 Sesbanie
(*Sesbania punicea*)

Als Halb- oder Hochstämmchen gezogen, machen diese raschwüchsigen, aber kurzlebigen Sommergrünen die beste Figur. An ihren Triebenden entwickeln sie den ganzen Sommer unermüdlich Rispen voller roter Blütenschiffchen. **Pflege im Sommer:** Regelmäßige Rückschnitte kräftigen die zumeist dünnen, biegsamen Zweige und halten die Kronen kompakt und jung. Der Wasserbedarf im Sommer ist hoch, im Winter bei laublosen Kronen dagegen sehr gering. **Gesundheit:** Gegen den häufig auftretenden Mehltau-Pilz hilft eine regelmäßige Behandlung mit Fungiziden, da die Sporen laufend zufliegen. Der weiße Belag auf dem Laub schwächt die Pflanzen kaum. **Verwendung:** Filigraner, blütenreicher Kleinbaum in Sitzplatznähe.

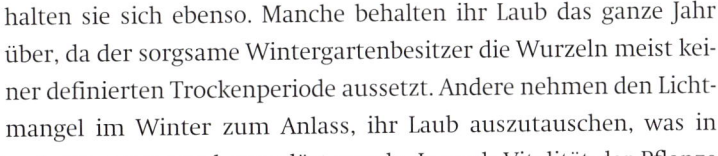

halten sie sich ebenso. Manche behalten ihr Laub das ganze Jahr über, da der sorgsame Wintergartenbesitzer die Wurzeln meist keiner definierten Trockenperiode aussetzt. Andere nehmen den Lichtmangel im Winter zum Anlass, ihr Laub auszutauschen, was in ihrer Heimat durch Wassermangel ausgelöst wurde. Je nach Vitalität der Pflanze und Standort kann dieses Verhalten sogar von Exemplar zu Exemplar schwanken. Abhängig von Witterungsverlauf und Standort kann sogar dieselbe Pflanze in einem Jahr fast immergrün, im nächsten laublos sein! Nur eines ist sicher: Blattverluste im Winter sind im temperierten Wintergarten nicht auf Pflegefehler zurückzuführen. Ausnahmen sind die wirklich immergrünen Arten wie der Peruanische Pfefferbaum (*Schinus molle*, siehe Seite 86) oder die Brasilianische Guave (*Acca*, Seite 92)., die ganzjährig voll belaubt bleiben sollten.

Beinahe tropische Wuchskraft

Südamerikas exotische Tier- und Pflanzenwelt können Sie mit passenden Accessoires aufgreifen.

Auch hinsichtlich des Wachstums sind die süd- und mittelamerikanischen Pflanzen nicht pauschal zu beurteilen. Während solche aus den trockeneren Zonen nur mäßig wachsen, sind diejenigen aus den feuchteren Regionen so starkwüchsig, wie man es von reinen Tropenpflanzen (Seite 110ff.) erwarten würde. Wahre Durchstarter sind die Nachtschattengewächse (Solanaceae), zu denen unter anderem Veilchen- und Hammersträucher zählen (*Iochroma, Cestrum*, Seite 88). Sie können in nur einem Monat einen Meter Trieblänge zulegen. Wer da nicht ständig mit der Schere regulierend eingreift, hat zwar rasch riesige Sträucher, die aber nicht unbedingt dicht und formschön, sondern licht und blühfaul sind. Nehmen Sie die lan-

---

3 Andentanne
(Araucaria araucana)

Blüten sind von diesen weltweit unter Schutz stehenden Koniferen nicht zu erwarten. Doch man wird sie auch nicht vermissen, denn die Kronen sind für sich selbst bereits Schmuck genug. Die mit dreieckigen Nadeln bedeckten Zweige stehen waagerecht vom Hauptstamm ab und in Etagen übereinander.
Pflege: Andentannen verlieren über ihre derben, bespitzten Nadeln kaum Feuchtigkeit und kommen deshalb tagelang, im Winter sogar wochenlang mit einer Gabe Wasser aus. Da sie sehr langsam wachsen, genügt eine Düngergabe pro Monat. Schnittmaßnahmen fallen nicht an.
Gesundheit: Bei ganzjährigem Stand unter Glas können Schildläuse auftreten, je niedriger die winterliche Temperatur, umso weniger.
Verwendung: Wertvolle Solitärs.

4 Gewürzrinde
(Senna)

Mit diesen wüchsigen Großsträuchern scheint die Sonne jeden Tag – auch wenn der Himmel bedeckt ist. Denn ihre dottergelben Blüten erscheinen so zahlreich und unermüdlich, dass sie die Kronen wie Lichtkugeln aussehen lassen. Während *S. corymbosa* bereits im Frühsommer blüht, lässt sich *S. floribunda* oft bis zum Spätsommer Zeit.
Pflege: Regelmäßiger Rückschnitt hält die Kronen kompakt. Trennen Sie jedes Jahr ein bis zwei der ältesten, grundständigen Zweige ganz heraus, damit sich die Sträucher verjüngen. Der Wasser- und Düngerbedarf ist im Sommer sehr hoch.
Gesundheit: Die Ansiedlung von Schädlingen macht eine regelmäßige Bekämpfung mit zugelassenen Präparaten nötig.
Verwendung: Üppiger Blütenstrauch für gemischte Pflanzungen.

5 Prinzessinnenblume
(Tibouchina urvilleana)

Ihren wohl klingenden Namen tragen diese Brasilianerinnen zu Recht, denn nicht nur ihre violettblauen, bis zu 6 cm großen Blüten sind prachtvoll. Auch ihr samtweiches, silbrig behaartes, rot gesäumtes Laub ist von besonderer Anmut.
Pflege: Um die Kronen jedes Jahr im Hochsommer in voller Blüte zu erleben, muss man sie im Frühjahr kräftig schneiden und bis Juni immer wieder entspitzen. Sonst werden die Kronen staksig und kahl. Der Wasserbedarf ist hoch, der Nährstoffbedarf insgesamt mäßig. Gedüngt wird von März bis Oktober alle zwei Wochen. Die Pflanzen bevorzugen einen vollsonnigen Standort.
Gesundheit: Schädlinge sind an dem pelzigen Laub selten.
Verwendung: Am schönsten sind solitäre Halb- oder Hochstämme.

gen Schosse deshalb mehrmals während der Hauptwachstumszeit von März bis Juli zurück. Sie brauchen dabei nicht zu befürchten, dass Sie sich dadurch um die Blüten bringen. Im Gegenteil: Ein regelmäßiger Rückschnitt forciert neue Verzweigungen, an denen sich rasch neue Blütenknospen bilden und öffnen werden. So erhalten Sie trotz Rückschnitt eine Pflanze, die überreich blüht.

Natürlich schön!

Korallensträucher sind feuerrot wie ein Hahnenkamm. Daher ihr botanischer Name „crista-galli".

Verwirrend ist für viele Wintergartenbesitzer die nachlassende Blüte bei frisch gekauften Pflanzen. Hat man ein Nachtschattengewächs über und über blühend erworben, lässt diese Pracht von Woche zu Woche nach. Und im nächsten Jahr wendet sich das Blatt auch nicht. Macht man mit der Pflege etwas falsch? Nein. Denn leider helfen die Gärtner der Natur allzu oft ein bisschen nach, um möglichst prächtige Pflanzen anbieten und verkaufen zu können. Um die Blütenbildung anzuregen, behandeln sie die Kronen mit Stauchungsmitteln und Hormonen, die für den Privatmann nicht erhältlich und erlaubt sind. Ihre Wirkung lässt allmählich nach, wenn man sie nicht auffrischt. Und dann blühen die Pflanzen nur noch in dem Maße, wie es ihrer Natur entspricht. Eine vernüftige Reaktion, denn bei Blütenmengen, die das normale Maß dauernd übersteigen, verausgaben sich die Pflanzen. Die Produktion von Blütenblättern, Pollen und Nektar kostet die Lebewesen schließlich viel Energie. Deshalb sollte man den üppigen Blütenkugeln nicht nachtrauern, sondern sich an der natürlichen Schönheit der Pflanzen erfreuen. Wegen der Kräfte zehrenden Fruchtbildung sollten Sie Verblühtes regelmäßig ausputzen: So kommt die Energie anstelle von Früchten und Samen neuen Blüten zugute.

Besonders blühfreudige Großsträucher

1 Veilchenstrauch
(Iochroma, Acnistus)

Diese Nachtschattengewächse bekennen sich mit raschem Wuchs und einer sommerlangen Blüte zu den Charakterzügen ihrer Familie. Die Blüten sind röhrenförmig schmal und stehen bei *Iochroma*-Arten (Kolumbien, Peru) wie eine Gruppe von Fanfarenbläsern beisammen. Bei *Acnistus* (Mexiko) sitzen die Blüten meist einzeln zwischen dem weichen, graugrünen, klebrigen Laub.
Pflege: Wie alle Familienmitglieder sind sehr hungrig, durstig und brauchen eine strenge Hand beim Rückschnitt, der laufend von Frühling bis Spätsommer erfolgt.
Gesundheit: Weiße Fliegen und Läuse können lästig werden.
Verwendung: Bei guter Pflege kompakte, 2 m hohe Blütensträucher für gemischte Rahmenpflanzungen.

2 Hammerstrauch
(Cestrum)

Je nach Art warten diese wüchsigen Nachschattengewächse mit roten (*C. elegans*), violetten (*C. elegans* 'Cretian Purple'), gelben (*C. aurantiacum*) oder weißen (*C. nocturnum*) Blüten auf. Letztere duften am Abend intensiv nach Kaugummi. Auch der gelbe *C. parqui* ist eine exzellente, süßliche Duftpflanze.
Pflege: Ständig feuchte, aber nicht dauernasse Wurzeln garantieren einen sommerlangen Flor auf hohem Niveau, doch nie so üppig wie bei frisch gekauften Pflanzen, die mit Wuchshemmstoffen und Blühhormonen behandelt wurden. Wöchentlich düngen.
Gesundheit: Je ausgewogener die Pflege, umso seltener sind Schädlinge, die sich sehr gerne ansiedeln.
Verwendung: Imposante Blütensträucher für den Hintergrund.

3 Flanellstrauch
(Fremontodendron californicum)

Aus Kalifornien stammend verträgt dieses Blühwunder sogar Frost und kann im kalten Wintergarten ebenso gehalten werden wie im temperierten, wo man seine Blüte fast das ganze Jahr bewundern kann. Die dottergelben, glänzenden Blüten erreichen bis zu 8 cm Durchmesser. Es werden laufend Knospen nachgebildet, so dass Sie sich am Flor monatelang erfreuen können.
Pflege: Staunässe bringt Flanellsträucher in Kürze um. Die Wurzeln faulen und die schlanken, mit einem braunen Flaum überzogenen Triebe sind unwiederbringlich verloren. Menschen mit empfindlicher Haut sollten sich vor den Härchen hüten. Mäßig düngen.
Gesundheit: Nur selten Schädlinge.
Verwendung: Blühgewaltiger, aber lockerkroniger Solitärstrauch.

Gräser als Solitärs und Bodendecker

Gräser dominieren riesige Landstriche dieser Erde. Wo Bäume und Sträucher aufgrund von Kälte, Trockenheit, Nässe oder anderen Extrembedingungen nicht mehr gedeihen können, beherrschen Gräser das Landschaftsbild. Viele der insgesamt über 8000 Arten Süßgräser (Poaceae) liefern uns nahrhafte Samen, die weltweit zu den Grundnahrungsmitteln zählen (Weizen, Reis, Mais etc.). Nur als Zierpflanzen fristen sie bis heute ein Schattendasein. Auch für den Wintergarten hat man ihren Wert bisher kaum entdeckt.

Dabei ist beispielsweise das aus Südamerika stammende Pampasgras (*Cortaderia selloana*) mit seinen weißen Federrispen ein wunderschöner Blickfang für den kalten oder temperierten Wintergarten.

Aus Nordamerika stammen das Goldbartgras (*Sorghastrum nutans*) mit seinen attraktiven, roten Ähren, die Kupferhirse (*Panicum virgatum*), deren Halme sich bei Kälte rot färben, oder das Flaschenbürstengras (*Hystrix patula*) und Moskitogras (*Bouteloua gracilis*) mit ihren namensprägenden Ähren. Sie sind mit maximal 50 cm Höhe schöne Lückenfüller, die zwischen höheren Pflanzen vermitteln, ohne dabei selbst in den Hintergrund zu treten. Auch das Lampenputzergras (*Pennisetum*) aus Australien mit seinen Samenständen in 80 cm Höhe und das Chinaschilf (*Miscanthus*) aus Asien mit seinen übermannshohen Halmen sollten in den Wintergarten Einzug halten. Andere Gräser wie die Schwingel (*Festuca*) sind dagegen wiederum hervorragende

Bodendecker für die Grundbeete. Unter den Sauergräsern (Cyperaceae) halten vor allem die Seggen (*Carex*) eine Fülle zumeist niedriger, horstig wachsender Ziergräser bereit. Ihre Halme sind grün, bläulich oder gestreift (weiß-grün oder gelb-grün). Zur Unterpflanzung sind vor allem schattenverträgliche Arten geeignet, sonnenliebende und trockenheitstolerante überziehen dagegen offene Flächen mit einem hübschen Polster. Grasähnlich, aber zu den Maiglöckchen (Convallariaceae) zählend, ist der Schlangenbart (*Ophiopogon*), der in einer grünen und violettblättrigen Form auftritt.

Wer in seinem Wintergarten eine niedrige Grünfläche wünscht, kann sich mit Sternmoos (*Sagina*) dichte „Wiesen" anlegen.

Gestaltung: Bunt ist Trumpf

Die südamerikanische Pflanzenwelt verführt zu frei gestalteten Arrangements. Kein bestimmter Stil legt fest, was zusammengehört und was nicht. Wählen Sie nach Herzenslust aus, was Ihnen gefällt. Auch die Bewohner Südamerikas ländlicher Gegenden halten es so: Ihre Kleider sind fröhlich bunt und aus allen Farben

4 Puderquastenstrauch
(Calliandra)

Die Blüten dieser anmutigen Sträucher ähneln Kosmetikpinseln. Bei *C. tweedii* sind sie rot, bei *C. portoricensis* weiß und bei *C. surinamensis* rosa (Bild). Die fein gefiederten Blätter, die sich nachts, bei Trockenheit oder Hitze zusammmenfalten, sitzen an biegsamen, elegant ausschweifenden Trieben, die ohne Schnitt auskommen.

Pflege: Zusammengeklappte Blätter tagsüber zeigen Wassermangel an. Durch die Vielzahl an Blättchen ist der Bedarf recht hoch, das Verlangen nach Nährstoffen mäßig.

Gesundheit: Die immergrünen, bis zu mannshohen Kronen bleiben von Kalamitäten verschont.

Verwendung: Ungewöhnliche Blüher, die einen Platz in Wegesnähe verdienen, damit man ihren Flor aus der Nähe betrachten kann.

5 Korallenstrauch
(Erythrina crista-galli)

Er ist der bekannteste Vertreter dieser strauch- bis baumförmigen Gattung. Seine etwa 20 cm langen Blütenstände setzen sich aus bis zu 30 roten Schmetterlingsblüten zusammen. In der Heimat werden sie von Vögeln bestäubt.

Pflege: Während des Sommers sollte die Erde konstant erdfeucht gehalten werden, im Winter sehr trocken, aber nicht ganz dürr, da die Wurzeln sonst verdorren. Die Triebe trocknen nach der Blüte natürlicherweise zurück, so dass sich ein Stamm-Stumpf entwickelt, der von Jahr zu Jahr knorriger wird. Rückschnitt erst im Frühjahr.

Gesundheit: Bei trockener Luft im Sommer Spinnmilben, im Winter laublos und damit schädlingsfrei.

Verwendung: Ideale Begleitpflanzen in Kübeln. Vorsicht: dornig.

des Regenbogens zusammengesetzt (z.B. in Peru oder Chile). Statten Sie Ihren Wintergarten mit Töpfen aus, dürfen auch diese bunt gemustert sein. Hierzulande werden häufig „Mexikanische Töpfe" mit geometrischen Verzierungen in verschiedenen Farben angeboten. Sie passen bestens zur Ungezwungenheit des südamerikanischen Wintergartens. Landestypische Einrichtungsgegenstände wie gemütliche Hängekorbstühle oder irdene, birnenförmige Terrassenöfen unterstreichen diesen Eindruck.

Genießen mit allen Sinnen

Wintergärten sind Orte der Entspannung und Erholung. Für den temperierten Wintergarten mit seiner Blütenfülle gilt dies besonders. Planen Sie deshalb zusätzlich Musik als festen Bestandteil der Ausstattung ein. Noch vor der Bepflanzung sollten Kabel verlegt werden, um an den akustisch wirksamen Punkten Lautsprecher aufzustellen. Achten Sie dabei aber auf wassergeschützte Kabelverbindungen und Stecker! Richtet man erst nachträglich eine Stereoanlage ein, kann es angesichts der wüchsigen Pflanzen zu einem größeren Unterfangen werden. Von Anfang an mit eingeplant, können Sie sich bequem im Stuhl zurücklehnen und den Klängen südamerikanischer Instrumentalmusik lauschen.

Die Aromen frischgrüner Blätter, feuchter Erde und duftender Blüten bieten Ihnen bepflanzte Wintergärten gratis. Doch die Welt der Düfte ist beinahe ebenso vielfältig wie die der Pflanzen. Unternehmen Sie deshalb Ihrer Nase zuliebe weitere Erlebnisreisen in ferne Welten. Zünden Sie Räucherstäbchen an oder füllen Sie kleine Schalen mit duftenden Blütenpotpourris. In der Winterzeit verbreiten Duftkerzen

Alle Elektro-Installationen und -geräte im Wintergarten müssen wasserdicht sein, da sich Kondens- oder Tropfwasser bilden kann.

Wohlriechende Gewächse

1 Tropischer Oleander
(Thevetia peruviana)

Die sommerlichen, trompetenförmigen Blüten dieses schmalblättrigen Oleander-Verwandten duften intensiv. In Gelb oder Weiß öffnen sie sich zumeist einzeln oder in kleinen Gruppen, aber über viele Wochen verteilt. Liegt die Überwinterungstemperatur über 10°C, sind sie immergrün, unter 10°C fällt ein Großteil des Laubes ab.
Pflege: Der Tropische Oleander verlangt viel Wasser, aber eine gleichzeitig gut durchlässige und dränierende Erde, damit keine Staunässe aufkommt. Der Nährstoffbedarf ist hoch. Regelmäßiger Schnitt hält die gut, aber nicht reich verzweigten Kronen in Form.
Gesundheit: An den giftigen Blättern und Trieben treten Läuse auf.
Verwendung: Duftender Großstrauch in Sitzplatznähe.

2 Azara
(Azara microphylla)

Im Blattwerk und Wuchs erinnern diese immergrünen, kleinen Bäume an Felsenmispeln *(Cotoneaster)*. Die Blüten jedoch sind mit ihrem lieblichen, vanilleähnlichen Duft etwas ganz Besonderes. Sie sind gelb und erscheinen im Spätwinter.
Pflege: Die Chilenen fühlen sich im Halbschatten am wohlsten, wo die Verdunstung gering und der Wasserbedarf mäßig ist, ebenso der Nährstoffverbrauch. Ungeschnitten entwickeln die Duftpflanzen mit ihren fächerartigen Trieben wasserfallähnliche, markante Kronen. Geraten sie aus der Form, erfolgt ein Korrekturschnitt nach der Blüte.
Gesundheit: Robuste Gattung, die selbst Bodenfrost sehr gut verträgt.
Verwendung: Schöne Kleinbäume für schattige Sitzplätze, die sie mit ihrem Blütenduft bereichern.

Filigrane Farne

Sehr gut zur Unterpflanzung geeignet sind Farne. Sie bringen mit ihren filgran gefiederten, hell- oder dunkelgrünen Blättern Ruhe in die bunte Blütenvielfalt südamerikanischer Arrangements. Bei winterlichen Temperaturen zwischen 10 und 15°C bereichern verschiedene Arten der Becherfarne (*Alsophila*), Lederfarne (*Arachniodes*), Ilexfarne (*Cyrtomium*), Doppelhüllenfarne (*Didymochlaena*), Pellefarne (*Pellaea*), Hirschzungenfarne (*Asplenium*), Schildfarne (*Polystichum*) oder Saumfarne (*Pteris*) die Beete. Sie alle lieben einen Platz unter den Kronen anderer Pflanzen mit diffusem Licht und hoher Luftfeuchtigkeit. Einige Vertreter dieser Gattungen sind sogar frosthart und werden auch als Gartenpflanzen eingesetzt.

Andere, bei uns als Zimmerpflanzen beliebte Farne wie Frauenhaarfarne (*Adiantum*), Nestfarn (*Asplenium*), Geweihfarn (*Platycerium*), Büchsenfarn (*Davallia*), Schwertfarn (*Nephrolepis*) oder Tüpfelfarn (*Phlebodium*) sind dagegen eher einem Standort im dauerwarmen Wintergarten vorbehalten. Sie vertragen es nur schlecht, wenn die Temperatur unter 15°C absinkt.

und Aromalampen mit Hilfe von ätherischen Ölen eine wohlige Atmosphäre, die Geist und Körper wohltut. Es ist übrigens erwiesen, dass man sich weniger schnell erkältet, wenn man in Räumen mit vielen Pflanzen lebt oder arbeitet. Infolge der höheren Luftfeuchte können die Schleimhäute in Mund und Nase nicht so schnell austrocknen. Dadurch besitzen sie genügend Widerstandskraft gegenüber Viren- und Bakterienangriffen. So werden Wintergärten zu Gesundheits-Oasen zum Wohlfühlen und Entspannen.

Und noch mehr Blüten!

Obwohl der temperierte Wintergarten die meisten Blüten und die längste Blütezeit von allen Typen bietet, kann man vom Anblick des farbenprächtigen Flors gar nicht genug bekommen. Deshalb bieten sich zur Ergänzung einjährige Sommer-

Kleine Blütensträucher

3 Paradiesvogelbusch
(Caesalpinia gilliesii)

Was diese südamerikanischen, im Wintergarten kaum mehr als hüfthohen Sträucher an Wuchsqualitäten vermissen lassen, machen sie mit ihren Blütenständen mehr als wett. Sie bestehen aus einer Vielzahl schlanker, gelber Blüten, aus denen lange, rote Staubblätter herausragen. Die Blätter sind sehr fein gefiedert und hellgrün.
Pflege: Das kleine, sommergrüne Laub und der schwache Wuchs erfordern nur wenig Wasser und Dünger. Die Kronen lassen sich auch durch Schnitt kaum zu einer stärkeren Verzweigung anregen. Sie bleiben ihr Leben lang licht.
Gesundheit: Mit Schädlingen hat man in der Regel keine Last.
Verwendung: Filigrane und während der hochsommerlichen Blüte wunderschöne Solitärsträucher.

4 Seidenpflanze
(Asclepias curassavica)

Wie die Wandelröschen wechseln auch diese Halbsträucher im Aufblühen ihre Blütenfarbe von Gelb über Orange zu Rot. Vielleicht kennen Sie diese Pflanze besser als sie ahnen: Sie ist als „einjährige" Sommerblume weit verbreitet, obwohl die Südamerikanerinnen langlebig sind, wenn sie ab 5°C stehen.
Pflege: Reichlich Wasser und Dünger hält die sommerlange Blüte am Leben. Mehrmaliges Stutzen während der Saison fördert die Verzweigung und regt die Bildung immer neuer Knospen an. Im Spätwinter werden alle Triebe kräftig gestutzt.
Gesundheit: Weiße Fliegen sind kaum abzuhalten, sich an dem Milchsaft führenden Laub zu laben.
Verwendung: Als Fuß- und Halbstämmchen blühfreudige Solitärs, als Gruppe schöne Flächendecker.

5 Springbrunnenpflanze
(Russelia equisetiformis)

Die beste Figur machen diese unorthodoxen Pflanzen, wenn sie erhöht auf einer Säule stehen oder ihre Triebe aus einer Ampel herabhängen. Die Blätter sind fadenartig schmal und wirken gemeinsam mit den saftig grünen Trieben wie ein Wasserfalll, über den sich im Sommer schmale Blütenröhren in Rot oder Weiß ergießen.
Pflege: Der Wasserbedarf ist nicht hoch, darf aber nicht unterschätzt werden, sonst trocknen die Triebe zurück und die Dauerblüte erhält einen Dämpfer. Gedüngt wird mäßig, im Winter gar nicht.
Gesundheit: Schädlinge und Krankheiten wären eine Ausnahme.
Verwendung: In Gruppen bilden sie eine ungewöhnliche Bodendeckung, an Spalieren hochgebunden werden sie zu „Kletterpflanzen".

blumen an, wie man sie sonst für Balkon und Terrasse verwendet. Der Katzenschwanz (*Acalypha*) beispielsweise stammt aus Mittelamerika (Dominikanische Republik), der Fuchsschwanz (*Amaranthus*) ist überall in Südamerika verbreitet. Beide passen mit ihren buschigen, roten Blütenschweifen sehr schön in die bunten Sets. Wussten Sie, dass auch Leberbalsam (*Ageratum*), Pantoffelblume (*Calceolaria*), Spinnenpflanze (*Cleome*), Schmuckkörbchen (*Cosmos*), Vanilleblume (*Heliotropium*), Ziertabak (*Nicotiana*), Spaltblume (*Schizanthus*), Petunie (*Petunia*) und Fuchsie (*Fuchsia*) aus Südamerika stammen? Und dass Köcherblümchen (*Cuphea*), Dahlie (*Dahlia*), Feinstrahl (*Erigeron*) und Studentenblume (*Tagetes*) in Mexiko beheimatet sind? Die fälschlicherweise „Indisches Blumenrohr" getauften Hybriden von *Canna indica* stammen ebenfalls ursprünglich aus Mittel- und Südamerika. Mit ihren fein gezeichneten, auf bis zu 150 cm hohen Stängeln sitzenden Blättern und leuchtenden Blüten sind sie ein Blickfang, der den Vergleich mit Blütensträuchern nicht zu scheuen braucht.

Blühfreudige Sommerblumen sorgen für noch mehr Blütenvielfalt.

Doch auch mit europäischen Pflanzen wie Löwenmaul (*Antirrhinum*), Levkoje (*Matthiola*) und Goldlack (*Cheiranthus cheiri*), mit Australischem Gänseblümchen (*Brachyscome*) vom fünften Kontinent oder mit Fächerblumen (*Scaevola*), Kapkörbchen (*Dimophotheca, Osteospermum*), Männertreu (*Lobelia erinus*), Elfenspiegel (*Nemesia*) und Kapastern (*Felicia*) aus Südafrika sowie mit nordamerikanischen Kokardenblumen (*Gaillardia*) und Atlasblumen (*Godetia*) lässt sich der temperierte Wintergarten noch abwechslungsreicher gestalten. Achten Sie auf eine möglichst konstante Wasserversorgung, da Schwankungen die bei richtiger Pflege einen Sommer während Blühdauer verkürzen können.

Fruchtgehölze aus Südamerika

1 Guave
(Psidium)

Die Früchte dieser kleinen Bäume sind bei uns in den Obstläden selten erhältlich. Dabei ist gerade die apfelgroße, grün- bis gelbschalige Echte Guave (*Psidium guajava*) sehr reich an Vitamin C. Der Geschmack ist in vollreifem Zustand süßlichsahnig. Die Erdbeer-Guave (*Psidium littorale*) trägt mirabellengroße, braune Früchte, die neben ihren Samen nur wenig Fruchtfleisch enthalten, sich aber für aromatisierte Liköre und Schnäpse eignen. Reifezeit: etwa fünf bis sechs Monate. **Pflege:** Echte Guaven reagieren sehr empfindlich auf Schwankungen. Die Erde deshalb auf niedrigem Niveau konstant feucht halten. Jährlicher Schnitt wie bei Obstbäumen fördert den Blüten- und Fruchtansatz. Mäßig düngen. **Verwendung:** Einfach probieren!

2 Brasilianische Guave
(Acca sellowiana)

Diese immergrünen Fruchtsträucher sind wahre Multitalente. Ihre April- oder Mai-Blüte ist ausgesprochen reich und prachtvoll, denn die Blüten sind auffällig rot und weiß gefärbt. Werden sie bestäubt, entwickeln sich daraus birnengroße, aromatische Früchte mit mildem Fruchtfleisch. Das Laub ist gräulich. **Pflege:** Die Pflanzen brauchen nur mäßige Wasser- und Nährstoffgaben. Die Erde sollte nicht völlig austrocknen, da die natürlicherweise dicht verzweigten Kronen sonst verkahlen. Die Zweige vertragen Schnitt sehr gut und so lassen sie sich gut als Stämmchen erziehen. **Gesundheit:** Schädlingsfreie Art! **Verwendung:** Mit ihrem grau-grünen Blattkleid passen diese Großsträucher auch gut in mediterrane Sets. Kurzer Frost ist kein Problem.

3

4

Wehrhafte Gesellen: Gifte, Dornen, Stacheln, Haare

Zu den häufigsten giftigen Stoffgruppen im Pflanzenreich zählen die Alkaloide. Wie bei jedem „Gift" kommt es jedoch auf die Dosis an. In sehr geringen Mengen haben viele Gifte heilende Wirkung wie beispielsweise die chininhaltige, Fieber senkende Rinde des Chinarindenbaums (*Cinchona*). In hohen Dosen sind sie dagegen eine Gefahr für Leib und Leben. Unter den Hundsgiftgewächsen (*Apocynaceae*), die sich zumeist durch einen weißlichen Milchsaft charakterisieren, findet man eine Giftpflanze, von der man es kaum erwartet: den Oleander (*Nerium*). Andere Vertreter der Familie wie Frangipani (*Plumeria*), *Mandevilla*, *Allamanda* oder *Tabernaemontana* führen zwar Milchsaft, gelten jedoch nicht als gefährliche Giftpflanzen, da ihr Alkaloid-Gehalt gering ist. Und wer würde schon gleich eine ganze Salatschüssel ihrer Blätter essen? Ähnliche Überraschungen halten auch die Nachtschattengewächse (*Solanaceae*) bereit. Wussten Sie, dass unreife Speisekartoffeln leicht giftig sind, und dass auch die Engelstrompete (*Brugmansia*) als Giftpflanze eingestuft wird? Enzian-

strauch (*Lycianthes*), Don-Juan-Pflanze (*Juanulloa*), Veilchen- und Hammerstrauch (*Iochroma*, *Cestrum*), die ebenfalls zu den Nachtschattengewächsen zählen, haben dagegen so niedrige Konzentrationen, dass man sie nicht als Giftpflanzen einstuft. Auch unter den Krapp- und Seidenpflanzengewächsen (*Rubiaceae*, *Asclepiadaceae*) sind einige – doch längst nicht alle! – giftig. Seidenpflanze (*Asclepias*), Wachsblume (*Hoya*) oder Kranzschlinge (*Stephanotis*) scheiden beispielsweise aus. Wer seine Kinder schützen möchte, sollte nicht viele Worte über ihre Giftigkeit verlieren, denn Verbote machen erst richtig neugierig! Wecken Sie gar nicht das Interesse an den Blättern – und ihr Kind wird kaum auf die Idee kommen, davon zu essen. Anders ist es mit Früchten, die mit ihren an essbare Früchte erinnernden Formen oder Farben zum Probieren locken. Die Lösung: man zupft sie ab und wirft sie weg oder verschenkt sie an „Sämlingsinteressierte". Während Hunde und Katzen meist von sich aus wenig experimentierfreudig sind, müssen Sie bei „knab-

berfreudigen" Gesellen wie Papageien oder Sittichen schon darauf achten, was sich in deren Reichweite befindet. Hier sollten Sie lieber einen Strauß mit Obstzweigen oder Wiesengräsern bereithalten und unbekömmliche Topfpflanzen vogelsicher aufstellen. Das Thema „Giftpflanzen" wird oft überbewertet und das Zusammenleben mit Giftpflanzen ist meist komplikationslos. Eine viel größere und häufig weit unterschätzte Gefahr sind dagegen bewehrte Pflanzen. Stacheln oder Dornen sind zum Teil mit Widerhaken besetzt, die sich umso weiter ins Fleisch bohren, je mehr man sie zu entfernen versucht. Achten Sie vor allem bei Arbeiten in gemischten Pflanzungen auf Ihre Augen, um Verletzungen an unnachgiebigen Pflanzenteilen zu vermeiden. Jeder, der regelmäßig mit Erde in Berührung kommt, sollte gegen Tetanus geimpft sein. Prüfen Sie in Ihrem Impfpass, wann eine Auffrischung notwendig ist. Menschen mit Allergien sollten vermeiden, bei der Pflege mit Pflanzensäften oder -haaren in Berührung zu kommen.

Blühgewaltige Kletterpflanzen

3 Mandevilla
(Mandevilla)

Wer nach dauerblühenden Kletterpflanzen sucht, wird in dieser Großfamilie sicher fündig. Sie zeigen ihre roten, weißen oder rosafarbenen Trichterblüten viele Monate, solange die Temperatur über 10°C liegt. Am starkwüchsigsten ist die Sorte 'Alice du Pont' mit auffällig großen und geaderten Blättern. Schwachwüchsiger, kleinblättriger und -blütiger ist *Mandevilla sanderi*, aber ebenso reichblütig. *Mandevilla laxa* trägt sanft duftende, weiße Blüten und verträgt Frost.
Pflege: Die langen Triebe kann man bei Bedarf jederzeit einkürzen. Feuchtigkeitsschwankungen werden gut toleriert, da die dicken Blätter Wasser speichern.
Gesundheit: Achten Sie auf Läuse.
Verwendung: Blütenreiche Kletterer für Säulen in Einzelstellung.

4 Costa-Rica-Nachtschatten
(Solanum wendlandii)

Dieser sommergrüne Kletterstrauch ist das Stiefkind der großen und millionenfach in Haus und Garten kultivierten *Solanum*-Familie. Dabei entwickeln sie im Hochsommer dichte Büschel hellvioletter Blüten, die den Blick fesseln.
Pflege: Der Standort darf gerne halbschattig sein. Den Wurzeln ist Hitze unangenehm. Die Triebe halten sich mit kleinen Widerhaken an den angebotenen Kletterhilfen fest, sollten aber zusätzlich gelenkt, angebunden und nach der Blüte ausgelichtet werden.
Gesundheit: Regelmäßige Kontrolle hilft, anfangs noch kleine Schädlingsherde zu entdecken und mit wenig Aufwand zu bekämpfen.
Verwendung: Die bis zu 20 cm langen Sommerblätter sind ein schöner Wandschmuck im Hintergrund.

5 Katzenkralle
(Macfadyena unguis-cati)

Die gelben Trompetenblüten im Sommer, deren Schlund mit feinen Linien verziert ist, stehen in auffälligem Kontrast zu den vorwiegend immergrünen, dunklen Blättern. Ihren Namen haben die Mittelamerikaner von ihren krallenartigen Ranken, mit denen sie sich in kleinsten Unebenheiten im Mauerwerk festhalten und sich selbstständig bis in Höhen von über 5 m ziehen.
Pflege: Das dichte Blattwerk fordert während der Wachstumszeit reichlich Wasser und Dünger.
Gesundheit: Läuse bleiben an den wüchsigen Trieben zumeist nicht aus. Ein regelmäßiges Auslichten nach der Blüte verhindert ein undurchdringliches Gewirr, in dem sich Schädlinge verstecken können.
Verwendung: Wüchsiger Wandbegrüner für größere Flächen.

Passionsblumen werden schnell zur Passion

Die Blüten der Passionsblume halten zwar jeweils nur einen Tag, doch sie sprießen so zahlreich nach, dass der Flor über Wochen anhält.

Die größtenteils in Südamerika beheimateten, über 500 Passionsblumen-Arten (*Passiflora*) zählen mit ihren kuriosen Blüten zu den absoluten Highlights unter den Kletterpflanzen. Über 100 Arten und etwa 50 Sorten werden auch hierzulande kultiviert – Grund genug, um diesen Schönheiten einen ganzen Wintergarten zu widmen. Der botanische Name „Passiflora" bedeutet übersetzt „Leidensblume", eine Anspielung auf die kranzförmig angeordneten Staubblätter, die ihre Namensgeber an den Dornenkranz Jesus erinnerten. Auch die Griffel und andere Blütenteile wurden mit Symbolen der Kreuzigung belegt. Solch düstere Vergleiche verdienen die wunderschönen, bis zu 15 cm großen, vielfarbigen Blüten aber wirklich nicht.

Ganz schöne Früchtchen

Im Inneren der Früchte befinden sich Hunderte von Samen, die von einem herbsüßen Fruchtfleischmantel umgeben sind.

Neben ihren kuriosen Blüten bieten die Kletterpflanzen noch mehr: Zahlreiche Arten bringen essbare Früchte hervor, von denen Maracuja (*P. edulis*) und Riesen-Granadilla (*P. quadrangularis*) zu den wohl bekanntesten zählen. Doch viele weitere Arten setzen unter Glas Früchte an, deren Samen in ihrem Inneren von saftigem Fruchtfleisch umgeben sind (siehe Tabelle unten).

Damit die Blüten bestäubt werden, sollte man jedoch nachhelfen, denn die Schmetterlinge und Kolibris, die am Naturstandort die Bestäubung übernehmen, fehlen hierzulande. Deshalb überträgt man mit einem feinen Haarpinsel den Blütenstaub von Blüte zu Blüte. Einige Passionsblumen tragen lieblich und intensiv duftende

Passionsblumen mit essbaren Früchten

Name	Blüte	Frucht; Kältetoleranz
P. alata	rot, purpurn, weiß	oval, ca. 10 cm; 15°C
P. × decaisneana	dunkelrot, duftend	oval, ca. 15 cm; 15°C
P. edulis	weiß, purpurn	oval, ca. 5 cm; 8°C
P. laurifolia	weiß, purpurn, violett	oval, ca. 5 cm; 8°C
P. ligularis	gelb, Rand rötlich	oval, ca. 8 cm; 5°C
P. maliformis	grün, purpurn, violett	rund, ca. 5 cm; 15°C
P. quadrangularis	weiß-violett	oval, ca. 25 cm; 12°C
P. tripartita var. *mollissima*	rosa, weiß	lang, ca. 12 cm; 8°C
P. vitifolia	rot	oval, ca. 5 cm; 15°C

Kältetolerante Passionsblumen

Name	Blüte	Kältetoleranz
P. caerulea	blau, weiß, purpurn	−15°C
P. × colvillii	blauviolett, weiß	−15°C
P. incarnata	blau, rosa, purpurn, Duft	−15°C
P. 'Incense'	hellviolett, weiß, Duft	− 8°C
P. lutea	grünlich-gelb	−15°C

Blüten, um ihre Bestäuber anzulocken: *P. amethystina*, *P. capsularis* 'Vanilla Cream', 'Incense', 'Saphire', 'Surprise'.

Keine Angst vor Kälte

Die verschiedenen Passionsblumen haben unterschiedliche Temperaturansprüche. Zu den besonders kältetoleranten zählt die Blaue Passionsblume (*P. caerulea*), die selbst Frost übersteht und sogar im kalten Wintergarten gehalten werden kann. Aber auch andere vertragen Frost (siehe Tabelle). Sollten ihre Triebe absterben, sprossen im Frühjahr aus den Wurzeln neue. Zu den besonders wärmebedürftigen zählen dagegen die rot blühenden Passionsblumen (z.B. *P. coccinea*, *P. manicata*, *P. murucuja*, *P. × piresii*, *P. racemosa*, *P. vitifolia*). Für sie sollte die Temperatur nicht unter 15°C fallen. Die meisten Arten kommen mit 5 bis 10°C gut zurecht. Die Luftfeuchte sollte ganzjährig über 50% liegen.

Ein wahrer Blütentraum: *Passiflora × violacea*.

Pflege leicht gemacht

Passionsblumen bevorzugen sonnige Standorte, jedoch keine Hitzestaus. Stoßen ihre Blätter an die Fensterscheiben, verbrennen sie. Als Substrat eignet sich hochwertige Kübelpflanzenerde mit einem Drittel Rhododronerde, damit der pH-Wert bei etwa 6,0 liegt. Gedüngt wird von April bis September einmal pro Woche mit Sofortdünger, bei starkwüchsigen Arten auch zweimal. Die Erde sollte stets leicht feucht, aber nie staunass sein. Vor allem im Winter wäre sonst Wurzelfäulnis die Folge. Ein Rückschnitt erfolgt im März vor dem neuen Austrieb.

Großblütige Passionsblumen

Name	Blüte	Blütengröße	Kältetoleranz
P. actinia	weiß, violett	8 cm; Duft	10°C
P. × allardii	weiß, hellviolett	10 cm; Duft	5°C
P. 'Amethyst'	hell-, dunkelviolett	10 cm	5°C
P. amethystina	hellviolett, purpur	7 cm, Duft	8°C
P. × belotii	violett, rosa, weiß	12 cm, Duft	8°C
P. 'Byron Beauty'	hell-, dunkelviolett, weiß	12 cm, Duft	8°C
P. 'Maria'	violett, pupur, weiß	8 cm	8°C
P. phoenicea	rot, pupur, weiß, violett	12 cm, Duft	8°C
P. 'Pura Vida'	purpur, violett, weiß	10 cm	10°C
P. 'Purple Haze'	weiß, blauviolett, weiß	8 cm	8°C
P. retipetala	weiß, blauviolett	7 cm, Duft	15°C
P. 'Sapphire'	weiß, blauviolett	8 cm, Duft	15°C
P. 'Surprise'	weiß, dunkelpurpur	10 cm, Duft	0°C
P. serratifolia	hellviolett, purpur	7 cm, Duft	10°C
P. 'Temptation'	dunkelviolett, weiß	12 cm	5°C
P. × violacea	hellrosa, violett, weiß	10 cm	5°C

Reise nach **Südafrika**

Die Rolle der Solitärsträucher übernehmen Vogelaugenbusch, *Protea, Leucospermum* (hinten) und Paradiesvogelblume.

Am Boden duften Natalpflaume und Kap-Jasmin. Den Holzbogen umspannen Kapgeißblatt und Trompetenwein.

Blütenfülle und natürliche Materialwahl – Markenzeichen des südafrikanischen Wintergartens.

Der Süden Afrikas bietet nicht nur weltweit berühmte Naturreservate für riesige Tierherden, sondern eine unvergleichlich reichhaltige Pflanzenwelt. Die Kapländische Florenregion (Capensis) beherbergt mit dem Kap selbst und der Halbwüste Karru (Carroo) zwei der biologischen „Hot Spots" dieser Erde mit einer Fülle einzigartiger Pflanzen (z.B. *Protea,* Seite 100). Man zählt etwa 6000 Samenpflanzen, von denen viele nur am Kap vorkommen (Endemiten).

Klein und voller Abwechslung

Das Kapländische Florenreich ist das kleinste von allen. An seiner Südwestspitze ist es geprägt durch ein Klima mit trockenen Sommern und wechselstarken Winterregen. Damit trägt es wie Teilgebiete Australiens mediterrane Züge! Betrachtet man die auftretenden Minimaltemperaturen im Winter, ordnet man große Gebiete des südlichen Afrikas in die gleichen Zonen ein wie Süd-Italien, Griechenland oder Spanien! Die Sommer sind jedoch nicht unangenehm heiß, sondern mit Durchschnittstemperaturen von 20 bis 25°C sehr verträglich. Hier haben sich viele immergrüne, kleinblättrige Hartlaubgewächse entwickelt, die Buschsteppen oder -wälder bilden. Bäume fehlen nahezu völlig. Nur an den regenreicheren Küsten im Süden und Südosten finden sich geschlossene Waldbestände (halbimmergrüne Regenwälder). In zentralen Regionen des Florenreiches und an der Westküste sind Halb- und Trockenwüsten sowie Dornsavannen mit trockenheitsverträglichen Lebensgemeinschaften (z.B. Sukkulenten) beheimatet.

An karge Bedingungen angepasst

Es ist ein Naturgesetz, dass sich dort, wo Mangel herrscht, die größte Vielfalt entwickelt. In der Capensis verhält es sich nicht anders: Die Böden sind sehr nährstoffarm und zum Teil stark versauert. Kultiviert man Pflanzen, die sich unter diesen Bedingungen entwickelt haben, hierzulande, sollte man ihnen ein ebenso karges Pflanzbett bereiten. So schätzen auch die südafrikanischen Proteen (Proteaceae, Seite 100) Rhododendronerde als Substrat und saure Dünger in niedriger Dosis.

Außergewöhnliches in Szene setzen

Holt man sich die einmalige Flora Südafrikas nach Hause in den Wintergarten, gebührt jeder Pflanze eine Einzelstellung, damit sie optimal zur Geltung kommen. Die Kronen sollten sich nicht berühren. So ist garantiert, dass sie ihre natürliche Form und Schönheit entfalten können und nicht einseitig verkahlen. Denn der Lichtbedarf der Südafrikaner ist sehr hoch. Stimmen Standort und Pflege, ist bei voll verholzenden Straucharten in der Regel kein regelmäßiger Rückschnitt erforderlich: die Pflanzen entwickeln sich ungestört am schönsten.

Blütensträucher: klein, aber oho!

1 Vogelaugenbusch
(Ochna serrulata)

Diese mittelgroßen Sträucher werden ihrer auffälligen Früchte wegen auch „Mickey-Mouse-Plant" genannt. Denn die schwarze Beere in der Mitte wird von roten Kelchblättern umgeben, von denen einige abfallen. Bleiben zwei übrig, gleichen sie Ohren. Doch damit nicht genug: der gelbe Winter- oder Frühlingsflor duftet sehr intensiv. **Pflege:** Die Ansprüche sind sehr gering. Ein sonniger Standort und eine stets erdfeuchte, aber nicht über längere Zeit nasse Erde sind optimal. Wichtig ist ein regelmäßiger Rückschnitt im Herbst, damit sich die von Natur aus sparrigen Kronen besser verzweigen. **Gesundheit:** Schädlinge sind selten. **Verwendung:** Interessanter Blüten- und Fruchtstrauch, der in gemischten Pflanzungen als Blickfang dient.

2 Löwenohr
(Leonotis leonurus)

Die pelzig behaarten, orangefarbenen Blüten dieser Halbsträucher stehen im Spätsommer in dichten Quirlen um die krautigen Triebe und ziehen alle Blicke auf sich. **Pflege:** Während der Wachstumszeit brauchen die weichen Blätter reichlich Wasser. Leiden sie Mangel, hängen sie schlapp herab. Wer umgehend reagiert, riskiert keinen Wachstumsstopp. Nach der Blüte werden die langen Triebe kräftig bis auf den holzigen Grundstock eingekürzt, da nur der jährlich neue Zuwachs an seinen Enden blüht. **Gesundheit:** Achten Sie auf Weiße Fliegen, die von draußen zufliegen. **Verwendung:** Das Löwenohr ist weniger zum Auspflanzen als zur Topfkultur geeignet. Bis zur Blüte hält es sich im Hintergrund und wird dann nach vorne geholt.

3 Natalpflaume
(Carissa macrocarpa)

Mit lieblich duftenden, rein weißen Blüten geben sich diese Immergrünen nicht zufrieden, die sich durch regelmäßigen Schnitt kompakt und sehr niedrig halten lassen, ungeschnitten aber im Alter bis zu 2 m erreichen können. Auf die Blüte folgen tomatenrote und -große, essbare Früchte mit feinem, aromatischem Geschmack. **Pflege:** Die derben, giftigen, Milchsaft führenden Blätter beinhalten einen kleinen Wasservorrat, der den Pflanzen über Durststrecken hinweghilft. Staunässe lässt dagegen die Wurzeln faulen. Deshalb vorsichtig gießen! **Gesundheit:** Die bewehrten Kronen sind kein Ziel für Schädlinge. Im Winter sind Schildläuse möglich. **Verwendung:** Bodendecker für schattige und sonnige Lagen.

Als Verbindung zwischen den Solitärs schaffen niedrige Polsterpflanzen in Töpfen und Schalen oder ausgepflanzt als Bodendecker grüne Brücken von Pflanze zu Pflanze. In Frage kommen hier immergrüne Blattschmuckpflanzen wie Drahtwein (*Muehlenbeckia*), kleinblättrige Sorten vom Efeu (*Hedera helix*), Bubiköpfchen (*Soleirolia*), Andenpolster (*Azorella*) oder Sternmoos (*Sagina*), die man in Staudengärtnereien bekommt. Der Drahtwein ist häufig als Zimmerpflanze erhältlich. Ebenso denkbar sind Flächen deckende, blühende Polsterpflanzen, wie sie in Steingärten verwendet werden. Hierzu zählen Polster-Glockenblumen (*Campanula*), Veilchen (*Viola*), niedrige Storchschnabel-Arten (*Geranium*), Blaukissen (*Aubrieta*), Polster-Phlox (*Phlox subulata*) oder Teppich-Seifenkraut (*Saponaria*).

Alternativ sorgen unbelebte Elemente wie große Steine für Zusammenhalt, die zugleich die Kargheit der südafrikanischen Landstriche verdeutlichen. Die Pflanzfläche kann mit Splitt oder mittelfeinem Kies abgedeckt werden. Das sieht nicht nur optisch ansprechend aus, sondern ist zugleich ein Pflegetrick. Die Steinchen verhindern einerseits das Keimen von Unkräutern, die auch im Wintergarten nicht ganz ausbleiben. Durch geöffnete Türen und Fenster, aber auch durch Erden und frisch gekaufte Pflanzen gelangen Wildkrautsamen hinein. Andererseits dient die Mulchschicht als Puffer für kleinklimatische Schwankungen. Sie hält den Boden länger

TIPP

Wussten Sie...

..., dass Geranien (*Pelargonium*) aus Südafrika stammen und in England zu den beliebtesten Wintergartenpflanzen zählen? Geschützt vor Regen und Wind blühen sie oft üppiger als im Freien – und das meist bis weit in den Winter hinein! Wer in Mittelgebirgslagen oder im Voralpenland wohnt, hat auch hierzulande im Wintergarten oft mehr von seinen Geranien, die viele, zarte Wildarten und Duftvarianten zu bieten haben.

Schöne Blütensträucher und Kletterpflanzen

1 Paradiesvogelblume
(Strelitzia reginae)

Dank ihrer prachtvollen, orange-blauen Blüten sind diese südafrikanischen Stauden heute in aller Welt verbreitet – und auch in Ihrem Wintergarten sollten sie nicht fehlen! Die Blütenstiele entwickeln sich bei Horsten, die älter als fünf bis sieben Jahre sind, in den Herbstmonaten, um sich ab Januar zu öffnen.
Pflege: Der Wasserbedarf ist gering, da die derben, blaugrünen, ruderblattförmigen Blätter kaum verdunsten. Bis zum nächsten Gießdurchgang sollte die durchlässige Erde gut abtrocknen. Nässe lässt die dicken Wurzeln faulen. Alte Blätter gelegentlich entfernen.
Gesundheit: Schädlinge sind so selten, dass sie nicht der Rede wert sind. Ansonsten einfach abwischen.
Verwendung: Gruppen oder Einzelpflanze für den Vordergrund.

Hölzerne Masken unterstreichen die mystische Atmosphäre afrikanischer Wintergärten.

feucht und gibt nachts die tagsüber gespeicherte Wärme ab. Wer es farbig mag, deckt die Pflanzflächen mit Rindenhäckseln ab, vorzugsweise mit Kiefernrinde, die attraktiv rotbraun gefärbt ist. Ein weiterer Nebeneffekt einer solchen Mulchschicht ist die Anreicherung des Bodens mit sauer wirkenden Substanzen, die bei der Zersetzung der Rinde frei werden – gut für saures Bodenmilieu schätzende Pflanzen.

Jenseits von Afrika

Die Landschaften Südafrikas sind belebt. Wo Pflanzen gedeihen, sind die Tiere, die von und mit ihnen leben, nicht weit. Dem Wintergartenbesitzer ist es kaum möglich, diese Symbiosen nachzubilden (Seite 108). Doch zumindest Anklänge an die reiche Tierwelt lassen sich schaffen, indem man sein „Kap der guten Hoffnung" daheim mit Tierfiguren dekoriert. In Geschäften mit Afro-Accessoires findet man beispielsweise Beistelltische, deren Glas-platte auf dem Rücken eines geschnitzten Holz-Elefanten fußt, oder Figuren, die halb Tier, halb Mensch sind. Vielleicht haben Sie das Glück, einmal selbst nach Südafrika zu fliegen. Nutzen Sie die Gelegenheit, authentische Accessoires mitzubringen. Verzichten Sie jedoch aus Gründen des Artenschutzes unbedingt auf echte Tier- oder Pflanzenpräparate!

---

2 Kreuzblume
(Polygala myrtifolia)

Diese blaugrün belaubten Sträucher sind echte Dauerblüher, die nicht müde werden, ihre violetten Blütenschiffchen in dichten Büscheln zu zeigen, solange die Temperatur nicht unter 8°C fällt.
Pflege: Das einzige, was die natürlicherweise dichtbuschigen und fein verzweigten Kleinsträucher nicht verkraften, ist Staunässe. Sie führt rasch zum Absterben. Deshalb sollte man auf ein gut durchlässiges Pflanzsubstrat achten. Je sonniger der Standort ist, umso blauer färben sich die Blätter und umso mehr Blüten werden gebildet. Der Nährstoffbedarf ist mäßig.
Gesundheit: In heißen Sommern sind Spinnmilben möglich, aber keineswegs häufig.
Verwendung: Blütenreiche Begleitpflanzen für jede Gelegenheit.

3 Rosa Trompetenwein
(Podranea ricasoliana)

Der kräftige Wuchs dieser aufrechten, wenig schlingenden Kletterpflanzen gipfelt im Spätsommer in Büscheln rosafarbener, fein gezeichneter Trichterblüten an den Triebenden. Am häufigsten ist die Sorte 'Comtessa Sarah'.
Pflege: Das dichte Blätterdach und der monatliche Zuwachs von bis zu einem Meter erfordern reichlich Wasser und Nährstoffe. Nach der Blüte sollten Sie die Triebe einkürzen und auslichten. Sonst findet die Blüte im nächsten Jahr nur noch über Ihren Köpfen und nicht mehr in Augenhöhe statt.
Pflege: In lichten, gepflegten Kronen treten keine Spinnmilben auf.
Verwendung: Mit seiner späten Blütezeit ist dieser Kletterer ein Muss für den Hintergrund jedes südafrikanischen Wintergartens.

4 Kapgeißblatt
(Tecomaria capensis)

Die Trompetenblüten dieses südafrikanischen Kletterers stehen im Hochsommer in dichten, leuchtend roten oder gelben ('Flava') Büscheln an den Triebenden. Das Laub bleibt im Wintergarten auch in der kalten Jahreszeit weitestgehend erhalten.
Pflege: Je mehr Sonne und Wärme die Südafrikaner tanken können, umso üppiger fällt die Blüte aus. Wie die sehr ähnlichen Trompetenblumen (*Campsis*, S. 45) braucht auch das Kapgeißblatt viel Wasser und Dünger, verträgt aber keinen Frost. Ein Rückschnitt fördert die Bildung neuer Schosse, die im Folgejahr blühen werden.
Gesundheit: Bei trockener Hitze können Spinnmilben auftreten.
Verwendung: Spätsommerlicher Hingucker als Busch (häufiger Schnitt!) oder üppiger Kletterer.

Die schöne Welt der **Proteen**

Eine Gruppe aus der etwa 1700 Arten starken Proteen-Familie (Proteaceae) haben Sie bereits kennengelernt (Grevilleen, Seite 64). Zwölf weitere Gattungen sind in Afrika, vornehmlich in Südafrika zu Hause: die namensgebenden Proteen (*Protea*) – auch Silberbäume oder Wunderfichten genannt – mit allein 112 Arten, ferner *Leucospermum, Aulax, Diastella, Leucadendron, Mimetes, Orothamus, Serruria, Sorocephalus, Spatalla, Paranomus* und *Vexatorella*.

Kleinode für Sammler

Protea-Blüten werden hierzulande sehr gerne in der Floristik verwendet, denn ihre Kron- und Kelchblätter sind sehr fest und halten wochenlang. Die kegelförmigen, seerosenähnlichen Blüten können je nach Art 10 bis 15 cm Durchmesser erreichen und sind von leuchtender, zumeist gelber, rosafarbener oder roter Färbung. Nach der Bestäubung durch Käfer und andere Insekten verholzen die Blütenstände und geben die eingeschlossenen Samen erst nach Buschfeuern frei. Die Pflanzen selbst sind extrem hitzeresistent und an regelmäßige Feuerwalzen angepasst. Die Gattung *Leucospermum* trägt Blüten, die ihr den bezeichnenden Namen „Nadelkissen" eingetragen haben, da ihre Staubblätter krallen- oder nadelartig aus den kegel- oder kugelförmigen Blütenständen herausragen. Beide lieben saure, sehr durchlässige, sandige Erde und wenig Feuchtigkeit, vor allem im Winter. Der Dünger sollte phosphatfrei sein, die Wintertemperatur nicht unter 8°C sinken.

Proteen für den Wintergarten

Name	Blüte	Wuchs
Protea compacta	rosa-silber	1 bis 1,5 m
Protea cynaroides	rosa-weiß	0,8 bis 1,2 m
Protea grandiceps	rosa-rot-weiß	1 bis 1,5 m
Protea neriifolia	rosa-rot-schwarz	1 bis 1,5 m
Protea 'Pink Ice'	rosa-weiß	1,5 bis 2 m
Protea repens	weiß-rosa-rot	1,5 bis 2 m

Die schönsten Leucospermum-Arten

Name	Blüte	Wuchs
L. cordifolium	gelb-orange-rot	1 bis 1,5 m
L. erubescens	gelb-rosa	1 bis 1,5 m
L. grandiflorum	gelb	0,8 bis 1,2 m
L. tottum	rot-orange	0,8 bis 1,2 m

Die Großfamilie der **Ruhmesblumen**

Der Duft des China-Los-baums (*Clerodendrum bungei*) ist intensiv wie ein Parfüm.

Es gibt Pflanzengattungen, bei denen die einzelnen Mitglieder so verschiedenartig sind, dass man ihre Verwandtschaft untereinander kaum glauben mag. Eine solches, fast 400 Kopf starkes Beispiel ist die Gattung *Clerodendrum*. Während die einen Frost vertragen und sogar in milden Lagen im Garten oder kalten Wintergarten ausgepflanzt werden können, stammen andere aus tropischen Gefilden und wünschen Temperaturen konstant über 15°C. Es gibt sowohl strauchförmig wachsende *Clorodendrum*-Arten als auch Kletterpflanzen. Doch auch hier gibt es fließende Übergänge. Je stärker und häufiger man die langtriebig aufrecht wachsenden Arten schneidet, umso eher wachsen auch sie zu Büschen heran. Ein Beispiel hierfür ist das Blauflügelchen (*C. ugandense*), das häufig als Halbstämmchen angeboten wird. Ohne mehrfachen Rückschnitt im Sommer geraten sie jedoch binnen weniger Wochen aus der Form, da die Triebe von Natur aus auf lange, unverzweigte Schosse programmiert sind. Erst der regelmäßig durchgeführte Schnitt macht sie zu richtigen Sträuchern oder formt Kugelkronen aus ihnen.

Allen ist gemeinsam, dass die Staubfäden mehr oder weniger weit aus den Blütenbüscheln herausragen und den Vertretern mit asymmetrischen Blütenblättern ein schmetterlingshaftes Aussehen geben. Da alle *Clerodendrum*-Arten sehr wüchsig sind, beanspruchen sie eine konstant hohe Wasser- und Nährstoffversorgung während der Wachstumszeit. Abhängig von der Überwinterungstemperatur sind die meisten sommergrün, seltener immergrün.

Kältetolerante, strauchige Arten (–15°C)

Name	Blüte	Herkunft
C. bungei	rosarot, in Dolden, duftend	China
C. trichotomum	weiß-rosa, in lockeren Dolden, duftend	Japan

Wärmebedürftige, strauchige Arten (10 bis 15°C)

C. paniculatum	rosarot, in dichten, 30 cm hohen Rispen	Südostasien
C. philippinum	weiß-rosa; in aufrechten Rispen	Südostasien
C. speciosissimum	rot-orange, in lockeren, aufrechten Rispen	Südostasien
C. buchananii	scharlachrot, in aufrechten Ripsen	Südostasien

Wärmebedürftige, kletternde Arten (10 bis 15°C)

C. × speciosum	rot-rosa, hängend	Kultivar
C. splendens	scharlachrot, hängend	trop. Afrika
C. thomsoniae	weiß-rot, hängend	West-Afrika
C. ugandense	blau, hängend	Ost-Afrika

Das von duftendem Sternjasmin umkränzte Wandbild hält Erinnerungen an den Urlaub lebendig.

Pflanzendüfte – *verführerisch wie ein Parfum*

Unsere Nase entdeckt viele Blüten oft schon lange vor unseren Augen – so intensiv duften sie. Wir halten inne, um nach dem „Verursacher" zu suchen, und werden oft feststellen, dass es gar nicht so einfach ist, sie zu entdecken. Denn viele Duftwunder sind unscheinbar weiß oder klein. Schließlich sind aromatische Blüten darauf ausgerichtet, Insekten zu ihrer Bestäubung nicht über die Optik leuchtender Farben oder markanter Blütenformen anzulocken, sondern über olfaktorische Reize, die sogar nachts wirken.

Genuss nach Feierabend

Duftpflanzen laufen oft erst in der Abenddämmerung zu Hochform auf, wenn nachtaktive Insekten wie Falter unterwegs sind und die feinen Duftpartikel mit ihren Fühlern aus der Luft filtern und auch ohne Licht sicher zu den Blüten finden. Nutznießer dieser Taktik ist der Mensch, der die Aromen nach Feierabend genie-

Sagen Sie „Ja" zum Jasmin!

Wie die Frangipani, so wird auch der Duft des Jasmins seit vielen Jahrhunderten in Parfums verwendet. Doch auch Tee verleiht er sein Aroma. Dazu werden die noch knospigen Blüten gepflückt und mit dem Tee vermischt. Nachts geben sie ihr Aroma an die Teeblätter ab – und diese später wiederum an das Teewasser.

Die weiß blühenden Jasmin-Arten duften ausnahmslos sehr intensiv, jedoch zu unterschiedlichen Jahreszeiten. Während der **Vielblütige Jasmin** (*J. polyanthum*) und der **Madeira-Jasmin** (*J. azoricum*) oft schon im Spätwinter blühen, setzt der **Echte Jasmin** (*J. officinale*) in der Regel im Sommer ein. Sie alle winden sich mit ihren Trieben in Höhen bis zu 5 m und mehr hinauf und tragen eine Vielzahl dicht besetzter Blütenbüschel. Ihr Wachstum und ihre Höhe kann man jederzeit nach der Blüte mit der Schere zügeln und durch Anwicklen der Triebe in die richtige Richtung lenken. Der **Engelsflügel-Jasmin** (*J. nitidum*) ist dagegen weniger eine Kletterpflanze als vielmehr ein klein bleibender Busch, der sich hervorragend als Unterpflanzung eignet und oft das ganze Jahr seine Einzelblüten zeigt. Bei den gelb blühenden Jasmin-Arten gibt es duftende (*J. odoratissimum*) und nicht duftende Arten wie den **Primel-Jasmin** (*J. mesnyi*). Und dennoch ist gerade er es wert, einen Stammplatz im kalten oder temperierten Wintergarten zu bekommen, denn er zeigt seine gefüllten, hellgelben Blüten schon im Februar. Wem der Duft der Blüten zu viel wird, sollte die Pflanzen nicht aus dem Wintergarten verbannen: Lüften Sie regelmäßig und sie werden sich an dem angenehmen Aroma erfreuen.

*Die Kelche des Madeira-Jasmins (*J. azoricum*) schimmern rosa.*

Frangipani – ein Duft, der begeistert

Ihren botanischen Namen „Plumeria" haben die weltweit verbreiteten und beliebten Duftpflanzen von ihrem Entdecker, dem französischen Botaniker Charles Plumier. Ihre europäische Bezeichnung „Frangipani" soll von einem italienischen Edelmann stammen, der im 12. Jahrhundert in Rom aus verschiedenen ätherischen Ölen ein Parfum mischte, das bei den Damen der Gesellschaft unsterblichen Ruhm erlangte und die Lieblingsnote von Katharina di Medici wurde. Eine weit weniger charmante Erklärung ist, dass „Frangipani" im Französischen „geronnene Milch" bedeutet, die die Tropenpflanzen in ihrem Laub führen. Mit einer Frangipani entscheiden Sie sich für eine sehr pflegeleichte Pflanze mit zigarrenartigen Trieben, die nur eines nicht verkraften: Wurzelnässe. Weniger Pflege ist mehr! Reichlich gegossen wird nur in der Wachstumszeit von April/ Mai bis September / Oktober, wobei man mit dem nächsten Gießdurchgang wartet, bis die Erde abgetrocknet ist. Beginnen die Blätter im Herbst gelb zu werden, reduziert man die Wassergaben und hält die Erde über Winter weitgehend trocken bei Temperaturen über 8°C. Die Erde besteht idealerweise aus je einem Drittel lockerer Lauberde, Kompost und Blähton, grobem Sand oder Kies. Auch Kakteen- und Kübelpflanzenerde, zu gleichen Anteilen miteinander gemischt, ist geeignet. Ziel ist ein Substrat, das gut durchlässig und zugleich nährstoffreich ist. Zusatzdünger sollten arm an Stickstoff (N) und reich an Phosphor (P) sein. Kalium (K) und Spurenelemente wie Eisen werden in normaler Konzentration benötigt. Decken Sie die Töpfe mit Splitt ab.

Die Blüte fällt in unserem Klima zumeist in die Sommermonate, seltener in den Herbst. Sie blühen abhängig von der Konstitution, dem Alter und der Vermehrungsart der Pflanze. Stecklinge blühen zumeist schon im ersten Jahr, legen aber danach oft eine Blühpause ein, bis sie sich richtig etabliert haben. Sämlinge brauchen drei bis fünf Jahre bis zum ersten Flor, der auch an unverzweigten Trieben erscheint. Ihr lieblicher Duft ist abends und morgens am intensivsten, während der Mittagshitze schwächer. Jede der über 60 Sorten hat eine leicht andere Duftnote.

*Die gelb-weiße Varietät (*Plumeria rubra var. acutifolia*) duftet unglaublich intensiv und ist hierzulande am häufigsten erhältlich.*

Weitere intensive Blattdufter für Ihren Wintergarten

Zitruspflanzen (*Citrus*, Seite 46)
Eukalyptus (*Eucalyptus*, Seite 65)
Ananas-Salbei (*Salvia elegans*
          'Pineapple Scarlet')
Lavendel (*Lavandula angustifolia*)
Lorbeer (*Laurus*, Seite 41)
Myrte (*Myrtus*, Seite 42)
Zistrose (*Cistus*, Seite 44)
Zypresse (*Cupressus sempervirens*)

ßen kann, wenn er gemütliche Stunden im Wintergarten verbringt. Einer der intensivsten Nachtdufter für den Wintergarten ist der Nachtjasmin (*Cestrum nocturnum*, Seite 88).

Duftnoten sind Geschmackssache

Düfte sind eine feine Sache! Und eine entsprechend feine Nase braucht man, um ihn richtig zu beschreiben. Was für den einen „zu süß" riecht, ist dem anderen vielleicht gerade „blumig" genug, was ersterem angenehm „herb" erscheint, ist zweiterem „zu harzig".

Mit Blütendüften ist es im Grunde wie mit einem Parfum aus der Drogerie: es gefällt einem oder man lehnt es ab. Dabei ist die Beurteilung obendrein von der momentanen Stimmungslage des jeweiligen Menschen abhängig: Brauchen Sie etwas Aufmunterung, sind „fruchtige" Düfte das Richtige, wie es Zitrusblüten und ihre Fruchtschalen (*Citrus*, Seite 46) verströmen. Sind Sie dagegen abgespannt und sehnen sich nach Ruhe, sind „harzig-herbe" Blattdüfte wie die von Zypresse (*Cupressus sempervirens*) oder Zistrose (*Cistus*, Seite 42) ideal. Für romantisch veranlagte Menschen sind „blumige" Aromen richtig, wie sie Frangipani (*Plumeria*, Seite 103), Jasmin (*Jasminum* Seite 105) und viele mehr verheißen. Wer wieder einmal tief durchatmen und den Kopf frei bekommen möchte, sollte an Eukalyptus-, Rosmarin- oder Lavendelblättern schnuppern.

Die besten Duftsträucher

1 Bananenstrauch
(*Michelia figo*)

Hätte man den Bananenduft zum Aromatisieren von Joghurt und Speise-Eis noch nicht erfunden, würden die roten Blüten dieses Magnoliengewächses dafur Pate stehen. Sie duften so intensiv, dass man unvermittelt stehen bleibt, um die Ursache zu ergründen. Der Duft wechselt im Tagesverlauf und ist stark von der Lufttemperatur abhängig: Bei Wärme ist er nachmittags am intensivsten.
Pflege: Die Magnoliengewächse stellen keine Ansprüche und sind mit einem Mittelmaß von allem zufrieden: Wasser, Dünger, Licht, Wärme. Schnitt ist zumeist unnötig, da die Kronen von Natur aus kompakt und formschön wachsen.
Gesundheit: Zuweilen Pilzbefall.
Verwendung: Der Duft strömt auch von entfernteren Plätzen herüber.

2 Orangenjasmin und -blume
(*Murraya paniculata, Choisya ternata*)

Mit ihren immergrünen Blättern sind diese maximal 2 m hohen Sträucher auch ohne Blüten schon hübsch anzusehen. Wer sie regelmäßig schneidet, kann sie als Bodendecker oder Sträucher erziehen. Erscheinen jedoch die weißen Blüten, ist sofort klar, woher ihre Namen rühren: sie duften intensiver als so manche Zitrusblüte.
Pflege: Beide Arten bevorzugen leicht saure Böden und reagieren sehr empfindlich auf Staunässe. Düngen Sie mit Rhododendron- oder Kameliendünger und mischen Sie beim Pflanzen Rhododendronerde unter.
Gesundheit: Im Sommer muss man Spinnmilben im Auge behalten.
Verwendung: Beide kommen mit halbschattigen Lagen zurecht und ergeben dichte Unterpflanzungen.

Kein Aroma gleicht dem anderen

Weniger ist mehr: entscheiden Sie sich für wenige, miteinander harmonierende Duftnoten, da ein Mix zu vieler Düfte untereinander unangenehm wirken kann.

Fällt die Beschreibung eines Duftes verschieden aus, muss dies jedoch nicht allein an den Nasen der Jury liegen. Die Unterschiede liegen auch häufig in den Blüten selbst begründet: die einen verströmen am Vormittag das meiste Aroma, andere während der größten Mittagshitze, wieder andere am Abend oder erst nachts. Der Duft einer frisch entfalteten Blüte ist oft feiner als der einer voll erblühten. Welkender Flor entwickelt zuweilen ein strenges Aroma. Auch die Entfernung spielt eine Rolle: Geht man mit der Nase direkt an die Blüten heran, ist der Geruch oft unangenehm stark. Tritt man dagegen einen Schritt zurück, ist das Aroma angenehm mild und facettenreich. Es gibt deshalb kaum etwas Schwierigeres, als Düfte treffend zu beschreiben. Meist behilft man sich mit Vergleichen bekannter Blüten, Frucht- oder Gewürzaromen wie „Flieder", „Rose", „Orange" oder „Zimt".

Echt dufte, diese Blätter

Doch nicht nur die Blüten vieler Wintergartenpflanzen duften. Wussten Sie, dass die Blätter von Zitronenstrauch (*Aloysia*, Seite 105) und Zitronen-Eukalyptus (*Eucalyptus citriodora*, Seite 65) intensiver nach Zitrus duften als die Zitronen selbst? Auch Blatt-Aromen duften nicht immer gleich intensiv. Pflanzen, die in der Mittagssonne von alleine duften, sind am Abend oft „zu still". Viele, wie der Zylinderputzer (*Callistemon*, Seite 60) duften erst, wenn man sie zwischen den Fingerspitzen reibt oder bricht, da so die Ölzellen verletzt werden und ihren Duft preisgeben. Auch heißes Wasser entlockt ihnen ihr Geheimnis, wenn man zum Beispiel eine Handvoll Blätter von Aromapflanzen ins Badewasser gibt.

3 Duftblüte
(Osmanthus)

Neben der Frangipani (Seite 103) sind diese Sträucher absolute Duft-Wunder! Während *O. fragrans* einen unglaublich intensiven Pfirsichduft verströmt, tut es *O. heterophyllus* dem Flieder gleich. Die kleinen Blüten erscheinen vor allem im Sommer. Im Wintergarten öffnen sie sich auch zu anderen Jahreszeiten vereinzelt – doch das genügt schon als Quelle für eines der schönsten Blütenparfüms.
Pflege: Der Wasser- und Nährstoffbedarf ist durch den maßvollen Zuwachs und die derben, ganzrandigen oder fein gezähnten Blätter mäßig. Ein Rückschnitt erübrigt sich meist, da die Sommer- bis Immergrünen formschön wachsen.
Gesundheit: Am frischen Austrieb im Frühjahr auf Läuse achten.
Verwendung: Muss man haben!

4 Gardenie und Kreppgardenie
(Gardenia, Tabernaemontana)

In Blüte und Habitus sind sich diese beiden Immergrünen so ähnlich, dass man sie in einem Porträt zusammenfassen kann. Ihre rosengleich gefüllten, reinweißen Blüten duften lieblich und sehr intensiv. Das ungeteilte Laub glänzt dunkelgrün. Die Kreppgardenie wächst schneller und stärker in die Höhe, weshalb man sie gerne als Halbstämmchen erzieht, während die Gardenie zumeist bei 1 m verharrt.
Pflege: Beide lieben leicht saure Bodenbedingungen und sollten mit Rhododendronerde und -dünger versorgt werden. Staunässe vermeiden; kurze Trockenheit wird dank des derben Laubs toleriert.
Gesundheit: Im Winter regelmäßig auf Schildläuse kontrollieren.
Verwendung: Auch halbschattige Lagen werden gut angenommen.

5 Zitronenstrauch
(Aloysia triphylla)

Statt duftender Blüten bieten diese Kleinsträucher aromatische Blätter, die schon beim leichten Vorbeistreifen ihren Duft freigeben. Heiß übergossen, geben die frisch gezupften Blätter ihr intensives Zitrusaroma an das Teewasser ab. Eine regelmäßige Ernte schadet den Kronen nicht, im Gegenteil: häufiges Entspitzen macht die anfangs nur wenig verzweigten Kronen kompakter. Die weißen Sommerblüten sind unscheinbar.
Pflege: Wassermangel kann eigentlich nicht auftreten, wenn man regelmäßig nach seinen Schützlingen schaut. Die schlappen Blätter zeigen ihn unmissverständlich an.
Gesundheit: Achtung – Blattläuse lieben die frischen Triebspitzen.
Verwendung: Duftgewaltiger Begleitstrauch in Sitzplatznähe.

Orchideen: *Edelsteine unter Glas*

Zwei Buchseiten reichen bei weitem nicht, um der enormen Vielfalt der Orchideen gerecht zu werden. Mit über 20.000 Arten zählen sie zu einer der größten Pflanzenfamilien der Welt. Hinzu kommen unzählige Züchtungen, die kaum systematisch erfasst sind. Lassen Sie sich beim Kauf von Orchideen deshalb stets vom Fachmann beraten, welche Eigenschaften und Ansprüche die jeweilige Pflanze hat.

TIPP

Wussten Sie...

..., dass sehr viele Orchideen international geschützt sind, aber immer noch aus der Natur geplündert werden? Kauft man Orchideen beim Züchter, kann man sicher sein, dass die Pflanzen aus gärtnerischer Kultur stammen!

Warme Wechselbäder

In Europa ist das primäre Züchtungsziel, Arten für die dauerwarme Zimmerkultur zu selektieren. Beliebte Gattungen wie Venusschuh (*Paphiopedilum*) oder Nachfalter-Orchidee (*Phalaenopsis*) vertragen Temperaturen unter 15°C nur schwerlich, tagsüber sollten es über 20°C sein. Eine nächtliche Temperaturabsenkung um 4 bis 5°C ist jedoch auch ihnen willkommen, denn leichte Schwankungen im Tagesverlauf treten auch in ihrer tropischen Heimat auf und regen die Blütenbildung an. Im Winter legen viele Orchideen eine Trockenruhe ein, während der sie reichlich Licht, aber sehr wenig Wasser brauchen. Daneben gibt es Orchideen, die mit Dauertemperaturen zwischen 10 und 15°C hervorragend zurechtkommen und für den temperierten Wintergarten wie geschaffen sind. Entsprechend der Arten, die als

Gattungen für warme Wintergärten

Gattung	Blütezeit	Herkunft
Cattleya	ganzjährig möglich	Südamerika
Laelia	ganzjährig möglich	Südamerika
Miltonia	Spätsommer, Herbst	Südamerika
Paphiopedilum	ganzjährig möglich	Südostasien
Phalaenopsis	ganzjährig möglich	Südostasien
Vanda	Spätsommer, Herbst	Südostasien
Zygopetalon	Herbst, Winter	Südamerika

Gattungen für temperierte Wintergärten

Gattung	Blütezeit	Herkunft
Cymbidium	ganzjährig möglich	Südostasien, Austral.
Odontoglossum	ganzjährig möglich	Südamerika
Pleione	Herbst, Winter	Mittelamerika
Rossioglossum	Herbst, Winter	Mittelamerika

Elternteile bei deren Entstehung beteiligt waren, fallen die Eigenschaften der Nachkommen aus.

Anspruchslose Trapezkünstler

Die Mehrzahl der Orchideen sind Aufsitzerpflanzen (Epiphyten), die sich auf Baumstämmen ansiedeln. Orchideensamen sind so klein, dass sie vom leisesten Windhauch hochgehoben werden und sich in den Kronen der Urwaldbäume verfangen. Sie keimen nur mit Hilfe von Pilzen (Mykorrhiza). Die wochenlang haltenden Blüten sind virtuos geformt, um Insekten gezielt zu den Staubblättern und Stempeln in ihrem Inneren zu lenken. Mit dickfleischigen Wurzeln halten sie sich auf den Zweigen fest, sammeln herabrinnendes Wasser oder Nebeltröpfchen und Nährstoffe auf. Orchideen sind darauf spezialisiert, mit einem Minimum auszukommen. Im Wintergarten reichen ihnen ein bemooster Stamm zum Wachsen oder grobgittrige Holzkörbe, die mit speziellem Orchideensubstrat gefüllt sind. Es besteht überwiegend aus groben Rindenstücken und Holzkohle. Zur Nährstoffversorgung genügt es, die Wurzeln während der Wachstumszeit im Frühling und Sommer alle zwei bis drei Wochen mit einer Nährlösung zu besprühen. Spezielle Orchideendünger finden Sie im Fachhandel. Dazwischen sollten Sie Ihre Schätze immer wieder mit kalkarmem, 18 bis 20°C warmem Wasser besprühen, denn Orchideen lieben als Tropenkinder eine sehr hohe Luftfeuchte.

Orchideenblüten halten wochenlang und verzaubern mit ihrer Formenvielfalt.

Arten für temperierte Wintergärten

Art	Blütezeit	Herkunft
Coelogyne cristata	Winter, Frühjahr	Himalaya
Coelogyne fimbriata	Sommer, Herbst	Indien
Coelogyne nitida	Frühjahr, Sommer	Thailand, Laos
Dendrobium discolor	Winter	Austr., Neu-Guin.
Dendrobium gibsonii	Herbst	Myanmar, Yunnan
Dendrobium kingianum	Frühjahr	Australien
Dendrobium speciosum	Frühjahr	Australien
Dendrobium tetragonum	Herbst. Winter	Australien
Dendrobium williamsonii	Frühjahr	Indien, Thailand
Oncidium bracteatum	Herbst, Winter	Mittelamerika
Oncidium cheirophorum	Herbst, Winter	Mittelamerika
Oncidium macranthum	Frühjahr, Sommer	Südamerika
Oncidium oblongatum	Herbst, Winter	Mittelamerika
Oncidium sanderae	Herbst	Südamerika
Oncidium superbiens	Frühjahr	Südamerika

Tiere im Wintergarten

Vögel: Exotisch-bunter Federschmuck

Viele Krummschnäbel vertragen deutlich niedrigere Temperaturen als man annimmt. Vogelfreunde halten einige Vertreter der Sittiche und Papageien ganzjährig im Freien! Wenn sich die Tiere langsam an die niedrigen Temperaturen gewöhnen, können sie ganzjährig in kalten und temperierten Wintergarten gehalten werden. Volieren mit geschützt liegenden Rückzugsmöglichkeiten oder Nistkästen bieten Unterschlupf.

Pelzige Gäste: Wie Katz' und Hund

So wie wir selbst halten sich auch Hunde und Katzen gerne im wohlig-warmen Wintergarten auf. Sie sollten so wohl erzogen sein, dass sie auch bei Abwesenheit ihrer Besitzer nicht in der Erde scharren, was für alle Vier-Pföter eine der liebsten Freizeitbeschäftigungen ist. An nicht grasartigen Pflanzen knabbern Stubentiger und Hund dagegen in der Regel nicht. Das Risiko, dass sie sich an giftigen Pflanzen (Seite 121) laben, ist gering.

Reptilien: Leben auf Sparflamme

Leguane, Chamaeleons oder Echsen verharren den größten Teil des Tages in Ruhe. Ihr ganzes Leben ist auf Energiesparen ausgerichtet. Trotzdem reicht die Wärmemenge in temperierten Wintergärten für viele Arten nicht aus. Installieren Sie deshalb Wärmelampen oder breiten Sie unter den Sandschichten im Terrarium Heizmatten aus, wie sie auch in der Aquaristik Verwendung finden (im Zoofachhandel erhältlich).

Amphibien: Im Wasser und zu Lande

Auch Schildkröte oder Frosch stellen je nach Herkunftsland höhere Temperaturansprüche, als sie ein temperierter Wintergarten bieten kann. Strombetriebene Heizquellen schaffen Abhilfe. Im Sommer müssen Sie die Aquaterrarien schattieren oder umstellen, um die Wasserreservoirs vor Überhitzung und Algenbildung zu schützen.

Ideen für Sie: *Tiere* im Wintergarten

Die Landschaften dieser Erde sind belebt. Wo Pflanzen wachsen, sind auch Tiere nicht weit. Da liegt es nahe, seinen Wintergarten mit vier- oder zweibeinigen Exoten zu beleben. Doch wie macht man es richtig?

Ein gefundenes Fressen

Großvögel wie Papageien sind leichter zu handhaben als kleine Singvögel, da sie lernen, auf Zuruf zu kommen.

Leider ist die Tierhaltung im Wintergarten nicht ganz frei von Komplikationen. Sich frei bewegende Vögel machen sich sehr schnell über die Pflanzen her, um sie anzuknabbern, sei es aus purer Neugier, Unterhaltung oder auf der Suche nach Abwechslung im Nahrungsangebot. Vor allem Krummschnäbel, zu denen Papageien, Kakadus, Unzertrennliche und andere beliebte Hausvögel zählen, werden Blätter, Rinden, Blüten und Früchte beim Freiflug genauestens untersuchen. Kleinere Insektenfresser können zwar nützlich sein, wenn sie Schädlinge in ihren Speiseplan aufnehmen. Der Vorteil wird jedoch angesichts von Kotspritzern auf den Blättern rasch ins Gegenteil verkehrt. Damit man jederzeit sorglos lüften kann, müssen die Lüftungsklappen mit Gittern oder Netzen versperrt werden. Auch das Halten von Schmetterlingen, die sich infolge von Schau-Schmetterlingshäusern immer größerer Beliebtheit erfreuen, ist nicht unproblematisch. Denn ihre Raupen ernähren sich von den Blättern bestimmter Wirtspflanzen. Die Schönheit der flatternden Edelsteine lässt die Fraßspuren zwar rasch vergessen, doch muss man trotzdem den regelmäßigen Austausch von Pflanzen einkalkulieren.

Wer im Glashaus sitzt,...

... sollte für seine Lieblinge ein klar begrenztes Refugium vorsehen, in dem sie sich ohne Aufsicht aufhalten können. Für Vögel sind dies großzügige Volieren aus Holz und Gittern oder Maschendraht, die ihnen reichlich Flugfreiheit bieten. Für Amphibien und Reptilien richtet man große Aquarien oder Terrarien ein, für Nagetiere und andere, kleine Säuger große Käfige oder eingezäunte Areale, deren Barriere die Tiere nicht überspringen oder überklettern können. Obwohl die Gehege für Pflege- oder Reparaturarbeiten rundum zugänglich sein sollten, ohne erst Pflanzen beiseite räumen oder gar kappen zu müssen, brauchen die meisten Tiere ein Rückzugsgebiet, in dem sie vor Störungen und Blicken geschützt sind. Halten Sie zudem kleine Transportboxen bereit, in denen die Tiere einige Stunden verbringen können, wenn Pflanzenschutzmaßnahmen im Wintergarten notwendig werden. Setzen Sie Ihre Schützlinge nicht den ungesunden oder gar schädigenden Dämpfen aus.

Schuppige Gäste

Unkomplizierter ist dagegen die Haltung von Fischen. Wasserbecken (Seite 80f.) lassen sich im temperierten Wintergarten sehr einfach mit Zierfischarten besetzen, denn das Wasser friert hier nicht ein. Bei niedrigeren Wintertemperaturen reduzieren die Fische ihre Aktivität und ihren Futterbedarf.

Der warme Wintergarten

Wintergärten sind eine Anschaffung fürs Leben, in der man unzählige schöne Stunden verbringen wird. Wie schade ist es da, dass viele ständig beheizte und bewohnte Glasbauten mit Standard-Zimmerpflanzen bestückt werden. Entdecken Sie stattdessen, auf welche exotische Pflanzenauswahl Sie in Wintergärten zurückgreifen können, deren Temperatur nicht unter 18°C sinkt.

Tropische Blütenträume unter Glas

Aufsitzerpflanzen vermitteln üppiges Tropengefühl.

Kaum zu glauben, aber in den Wäldern der Tropen sind Blüten eher Mangelware. Wer hindurchläuft, sieht zunächst nichts als Grün. Bewegt man sich nur am Boden, bleibt einem das vielfältige Leben in 20 bis 30 m Höhe verborgen. Um es zu entdecken, muss man ein Fernglas benutzen, da die Blüten zumeist hoch oben in den gewaltigen Kronen der Urwelttriesen sitzen. Durch fehlende Jahreszeiten finden alle Pflanzenaktvitäten parallel statt. Die Blühperiode ballt sich nicht auf eine bestimmte Jahreszeit zusammen wie bei uns im Frühjahr, sondern verteilt sich über das ganze Jahr. Dadurch tritt der Flor weniger auffällig in Erscheinung, auch wenn durchaus einmal ein einzelner Baum in voller Blüte steht. Es gibt keinen Herbst, in dem sich alle Blätter bunt verfärben. Statt dessen wechseln inmitten des Dschungels immer wieder einzelne Zweige oder Kronen ihr Laub. Ebensowenig gibt es einen klar definierten Saisonbeginn, ab dem das junge Laub sprießt. Tro-

penbäume entwickeln das ganze Jahr Knospen und entfalten sie. In den tropischen Regenwäldern herrscht zudem eine enorme Artenvielfalt, die pro Hektar bis zu 200 verschiedene Baumarten zulässt! Diese Fülle bedingt jedoch gleichzeitig, dass sich keine Art großflächig durchsetzen kann. Es bleibt bei Einzelexemplaren, die niemals die Wirkung erzielen können wie ein Rhododendron-Hain oder eine Wiese voller Löwenzahn, wie man sie hierzulande kennt. So ist die Tropenfülle räumlich und zeitlich ineinander verzahnt und besticht weniger durch Höhepunkte als durch stetiges Gedeihen im Verborgenen.

Besser hat man es da im heimischen Wintergarten! Hier kann man sich auf die reich blühenden Arten beschränken, die dicht gedrängt nebeneinander so üppig wirken, wie man sich die Tropen landläufig vorstellt. Viele Arten, die im Gewirr des Dschungels untergehen würden, kommen als Einzel-Exemplare erst richtig zur Geltung. Die Tropen unter Glas sind deshalb weit blütenreicher als in natura!

Auffällige Blütenpracht

Tropenpflanzen werden nicht nur durch Insekten bestäubt. Eine weit wichtigere Rolle übernehmen Vögel, Fledermäuse und Säugetiere. Der Baum der Reisenden (*Ravenala*, Seite 130) wird beispielsweise von einer Halbaffenart, den Mohrenmakis, bestäubt. Nur sie haben Kraft genug, um die starren Blütenblätter auseinanderzudrücken und an den zuckersüßen Nektar zu gelangen. Dabei berühren sie die Staubblätter. Die Pollen bleiben in ihrem Fell hängen und werden über weite Entfernungen von Pflanze zu Pflanze getragen. Viele tropische Arten setzen auf die Mithilfe der Vögel. Sie sind so genannte „Vogelblumen" (Ornithogame). Die Blüten verstecken ihren Nektar in langen Röhren, damit die Vögel ihn mit langen Zungen herausholen müssen. Während sie sich mühen, haftet der Pollen an ihren Kopf-Federn oder Schnäbeln und wird beim nächsten Blütenbesuch übertragen. Vogelblumen haben zumeist sehr große und stabile Blüten. Schließlich müssen Sie ihren Bestäubern eine tragfähige Landefläche bieten – es sei denn, sie sind auf Kolibris eingestellt, die bei der Nektarsuche vor den Blüten in der Luft schweben. Gleichzeitig müssen die Blüten auffällig gefärbt sein, um im Blätterdschungel aufzufallen. Knallrote Farben sind deshalb besonders häufig. Der Mensch freut sich über diese vielen Anpassungen, denn er kann die Größe und Farbenpracht der Blüten genießen, die obendrein sehr lange halten! Was sie uns allerdings nicht bieten können, sind Düfte: Da Vögel nicht oder nur schlecht riechen können, verzichten die Vogelblumen auf diesen Aufwand.

> *Tropenblüten sind häufig sehr groß, stabil, lange haltbar und auffällig gefärbt.*

Wussten Sie...

..., dass Blattfall bei Tropenpflanzen ganz normal ist? Auch immergrüne Arten müssen ihr Laub gelegentlich austauschen, um jüngeren Blättern Platz zu machen. Anders als in unseren Laubwäldern geschieht dies nicht auf einmal im Herbst, sondern kontinuierlich das ganze Jahr über, im Winter oft verstärkt.

TIPP

Anders verhält es sich mit denjenigen Pflanzen, die sich von Flughunden bestäuben lassen (Chiropterogame). Sie sind oft düster gefärbt, denn die Tiere sind dämmerungs- und nachtaktiv. Hierzu zählen zum Beispiel Bananen (*Musa*, Seite 139) oder Agaven (*Agave*, Seite 78). Die Glockenrebe (*Cobaea scandens*), eine schöne Kletterpflanze für temperierte und warme Wintergärten, ist morgens grünlich, um sich bis zum Abend dunkel violett zu verfärben. Zuweilen riechen die Fledermausblumen nach Früchten oder gärendem Obst. Auch der Duft zahlreicher Orchideen, die mit ihm Insekten anlocken möchten, entspricht nicht unbedingt unserer Vorstellung von einer „Duftpflanze". Allerdings sind die Gerüche eher schwach oder treten vorwiegend nachts auf, so dass wir uns nicht gestört fühlen.

Vielfalt entsteht aus Mangel

Ebenfalls erstaunlich: die Nährstoffarmut der Tropen! Die Böden sind durch fehlende Ruheperioden ausgezehrt. Die seit Jahrtausenden bewachsenen Böden sind intensiv verwittert, der ständige Regen tut sein übriges, gelösten Stickstoff und andere Nährstoffe auszuwaschen. Das Ergebnis sind Böden, die sehr nährstoffarm sind. Die Nährstoffe stecken alle in den Pflanzen selbst! Ein kontinuierliches Wachstum für die Flora ist deshalb nur möglich, wenn die Nährstoffe in einem Kreislaufsystem verbleiben. Sterben Pflanzenteile ab und fallen zu Boden, werden die Mineralien durch Zersetzung wieder frei. Das ist eine der wenigen Gelegenheiten für die Pflanzen oder deren junge Keimlinge, ihre Vorräte zu füllen. Die meisten müssen sich mit dem Wenigen begnügen, das durch den täglichen Regen aus höheren Kronenregionen ausgewaschen und nach unten transportiert wird.

Niedrige Nährstoffmengen begrenzen das Wachstum.

Deshalb sind zahllose Tropenpflanzen darauf ausgerichet, mit einem Minimum auszukommen. Sobald ihnen einmal ausreichend Nährsalze zur Verfügung stehen, nutzen sie die Chance sofort, um sich kräftig zu entfalten. Doch obwohl uns die enorme Wuchskraft der Tropenpflanzen auf der einen Seite erfreut, bringt sie dann Probleme mit sich: Die Pflanzen bedrängen sich rasch gegenseitig, im Extremfall schaltet die konkurrenzstärkere die schwächere Pflanze sogar aus.

In Maßen düngen

Der Wintergartenbesitzer sollte diese Wüchsigkeit immer aufmerksam beobachten und mit der Schere regulierend eingreifen. Sonst wird aus dem üppigen Dschungel-Ambiente rasch ein heilloses Chaos. Halten Sie deshalb die Pflanzen

Blütenbäume für den warmen Wintergarten

1 Flammenbaum
(Delonix regia)

Wer die schirmförmigen Kronen dieser afrikanischen, fiederblättrigen Bäume einmal blühend gesehen hat, wird sie nicht wieder vergessen. Die scharlachroten Blütenstände erscheinen zumeist nach einer Trockenzeit vor dem frischen Austrieb. Hierzulande ersetzt man die Trockenzeit durch eine winterliche Ruhephase, während der die Temperatur nicht dauerhaft unter 15°C fallen sollte. Sonst leiden die Pflanzen unter dem Phänomen des „die back", das einzelne Kronenpartien absterben lässt. Für die erste Blüte müssen die Bäume älter als 8 bis 10 Jahre sein.
Pflege: Im Sommer stets feucht, im Winter eher trocken halten.
Gesundheit: Schädlinge sind in den laublosen Kronen im Winter selten.
Verwendung: Für Pflanzenprofis.

2 Afrikanischer Tulpenbaum
(Spathodea campanulata)

Auch diese afrikanische Art wird in allen tropischen Regionen ihrer prachtvollen Blüten wegen als Zierbaum geschätzt. Die grob gefiederten, bis zu 30 cm langen Blätter geben den roten, gelb gesäumten, 10 cm großen Glockenblüten einen kontrastreichen Rahmen. Anfangs wachsen die Bäume eintriebig und wenig verzweigt. Die Kronen- und Blütenbildung beginnt ab einer Höhe von etwa 3 m. Häufiger Schnitt fördert die Verzweigung.
Pflege: Das große Laub verdunstet reichlich Wasser, das konstant nachgefüllt werden muss. Im Herbst leitet man durch reduzierte Wassergaben eine Ruhephase mit Laubverlust ein. Temperatur: 15°C.
Verwendung: Anspruchsvolle, imposante Blütenbäume für den versierten Pflanzenliebhaber.

3 Florettseidenbaum
(Chorisia speciosa)

Hinter der rauen Schale dieser südamerikanischen Bäume steckt ein zarter Kern. Die Blüten zählen zu den schönsten, die das tropische Wintergartensortiment zu bieten hat. Sie messen im Durchschnitt 15 cm, sind in konzentrischen Kreisen rosa, weiß und gelb gefärbt und mit feinen Strichzeichnungen versehen. Die verdickten Stämme sind dicht an dicht mit Stacheln besetzt. Die großen Samenkapseln sind mit wollähnlichen Haaren gefüllt.
Pflege: Durch den Wasser speichernden Stamm überstehen Florettseidenbäume Trockenphasen mühelos, können sie aber das Laub kosten. Der Düngebedarf ist mäßig.
Gesundheit: Selten Wollläuse.
Verwendung: Dickfüßige und schönblütige Solitärbäume.

ebenso in einer Mangelsituation, wie sie es aus ihrer Heimat gewohnt sind. Fazit: selten düngen! Bei Kübelpflanzen genügen in der Regel zwei Sofortdüngergaben im Monat, bei Grundbeeten eine einmalige Langzeitdüngung im März in halber Konzentration.

Licht ja, aber nicht zu viel

Die Blüten-
stände des
Afrikanischen
Tulpenbaums
können
über 25 cm
Durchmesser
erreichen.

Wer in den Tropen nicht zu den Bäumen zählt, die das Kronendach erreichen, muss sich mit dem Licht zufrieden geben, das den Boden erreicht. Zu diesen Schattenpflanzen zählen Maranten (Marantaceae) und Begonien (Begoniaceae). Doch auch die Bäume selbst müssen schattentolerant sein, bis ihre Triebe das Walddach erreicht haben. Ihre Kronen sind oft licht und wenig verzweigt, die Blätter ledrig und glänzend. Sie sind darauf programmiert, möglichst viel Licht einzufangen. An pralle Sonne sind sie hingegen nicht gewohnt. Hier verbrennen sie rasch und zeigen unregelmäßige, braune Flecken. Nicht jeder Lichtstrahl endet jedoch gleich im Desaster. Viele Tropenpflanzen sind extrem anpassungsfähig. Bei hoher Lichtausbeute entwickeln sie beispielsweise kleinere Blattflächen. Da Pflanzen nicht mehr tun, als für ihr Überleben und ihre Fortpflanzung zwingend notwendig ist, wählen sie immer den Weg des geringsten Aufwandes!

Immergrün und immer feucht

In den tropischen Regenwäldern liegen die mittleren Jahrestemperaturen bei 24 bis 30 °C, die Niederschlagsmengen über 2000 mm pro Jahr. Das bedeutet eine Luftfeuchte von konstant 100 % im Waldesinneren. An den oberen Kronenrändern

4 Orchideenbaum
(Bauhinia)

Charakteristisch für diese Gattung sind die entlang des Blattstiels geklappten Blätter, die statt einer Spitze eingekerbt sind. Es gibt baumförmige (z.B. *B. purpurea, B. blakeana, B. variegata*) , strauchige (*B. monandra, B. tomentosa*) und kletternde Arten (z.B. *B. galpinii, B. racemosa*). Die Blüten sind sehr groß und verdienen den Vergleich mit den Orchideen.
Pflege: *Bauhinia*-Arten sind überwiegend immergrün und brauchen einen wirklich hellen Standort. Stehen sie längere Zeit unter 15°C, holen sie sich rasch eine Unterkühlung und trocknen teilweise zurück.
Gesundheit: Die Kronen können Ziel von Schädlingen sein.
Verwendung: Je nach Art als Baum, Großstrauch oder Kletterpflanze einsetzbar. Liebhaberpflanzen.

5 Goldbaum
(Tabebuia)

Ebenso wie der hierzulande kultivierte Trompetenbaum aus der Familie der Trompetenblumengewächse (Bignoniaceae) wächst dieser Vertreter baumförmig. Die bis zu 5 cm langen, gelben Trichterblüten erscheinen zumeist vor dem frischen Laubaustrieb im Vorfrühling – und haben die Bühne dann fast für sich alleine.
Pflege: Gönnen Sie den kleinen Bäumen (3 bis 5 m) eine winterliche Ruhepause, während der nur sehr wenig gegossen wird und sich die Kronen entlauben. Die Lichtausbeute im Winter genügt nicht, um das Blätterdach zu ernähren und die Pflanzen würden sich verzehren.
Gesundheit: Die fünfteiligen Blätter werden zuweilen von saugenden Insekten heimgesucht.
Verwendung: Kleinode für Fans.

kann es durch die direkte Sonneneinstrahlung zu einer stärkeren Verdunstung kommen, doch auch hier sind Werte unter 70 % selten. Damit sich Dschungel-Pflanzen in den warmen Wintergärten hierzulande rundum wohl fühlen und sie trotz Heizung keine braunen Blattspitzen oder -ränder bekommen, brauchen sie eine entsprechend hohe Luftfeuchtigkeit. Wer viele Pflanzen hat, muss sich darum meist keine Gedanken machen. Die Verdunstung über die Blätter und die Erde ist so hoch, dass sich die Bepflanzung von selbst das passende Kleinklima schafft. Wer jedoch nur einige wenige Exemplare unter Glas kultiviert, hat in dauerbeheizten Wohnwintergärten gegen eine Luftfeuchte von nur 30 oder 40 % anzukämpfen. Kontrollieren Sie deshalb regelmäßig die Werte Ihres Hygrometers und wirken Sie Lufttrockenheit durch tägliches Besprühen der Blätter mit kalkarmem, zimmerwarmem (18 bis 20 °C) Wasser entgegen. Alternativ stellt man große Zimmerbrunnen auf, die über ihre Wasserflächen, -läufe oder kleinen Fontänen die Luft befeuchten, denn was passt besser zu einer üppigen, dauerfeuchten Tropenlandschaft als ein kleiner Wasserfall (siehe dazu auch Seite 80f.)? Von elektrischen Luftbefeuchtern ist dagegen eher abzuraten, da sie unnötig Energie verbrauchen und regelmäßige Wartung erfordern. Zudem sind die Geräte bereits des öfteren in die Kritik geraten, da sich bei mangelnder Reinigung in den Düsen und Filtern leicht Keime einnisten können, die über den Dampf oder Nebel im Raum verteilt und von unseren Lungen aufgenommen werden.

Was für die Pflanzen eine Wohltat ist, stellt höchste Anforderungen an Mobiliar und Beläge: Achten Sie auf möglichst witterungsbeständiges Material, das der hohen Luftfeuchte standhält. Regelmäßiges Lüften beugt Schimmelpilzen vor.

Hygrometer kosten nicht viel und geben Ihnen jederzeit Auskunft über die Luftfeuchte unter Glas

Blütenpracht am Strauch

1 Schönmalven
(Abutilon, Malvaviscus)

Diese Großsträucher haben mit einem Handicap zu leben: Man erwartet meist zu viel von ihnen. Frisch gekaufte Pflanzen blühen überreich und sind dicht belaubt – das Ergebnis von einer Behandlung mit Wuchshemmern und Blühhormonen. Zu Hause aber beginnen die Kronen, sich natürlich zu entwickeln. Und das bedeutet, dass sie sehr lange, dünne Triebe bilden, rasch über mannshoch werden und nur maßvoll blühen.
Pflege: Die weichen Blätter verlangen viel Wasser und einen absonnigen Platz. Gedüngt wird reichlich bei gleichzeitig häufigem Stutzen der Kronen, damit die Kraft statt in die Blatt- in Blütenbildung fließt.
Gesundheit: Häufig Weiße Fliegen.
Verwendung: Großsträucher für gemischte Pflanzungen.

2 Korallenpflanze
(Jatropha)

Für den Wintergarten bieten sich zwei sehr gegensätzliche Arten an. Während *J. integerrima* (Bild) zu gut verzweigten, mittelgroßen Sträuchern heranwächst, bildet *J. podagrica* einen bauchigen Stamm mit wenigen, gelappten Blättern und orangeroten Blütendolden. Beide blühen ganzjährig und bevorzugen sehr helle Standorte.
Pflege: Der Wasserbedarf bei *J. integerrima* ist recht hoch, bei *J. podagrica* sehr niedrig, ebenso der Nährstoffbedarf. Bei der ersten Art ist ein regelmäßiger Auslichtungs- und Verjüngungsschnitt im Spätwinter ratsam, bei letzterer nicht.
Gesundheit: Auf Läuse achten.
Verwendung: *J. podagrica* fordert eine Einzelstellung, *J. integerrima* reiht sich gerne in Gruppen ein.

Aufsitzerpflanzen: Bromelien

Tropische Regenwälder bestehen zu beinahe 90 % aus Bäumen. Für kleinwüchsige, nicht verholzende Pflanzen bleibt da kaum Platz. Es sei denn, sie siedeln sich auf den Bäumen selbst an! Und genau das tun die Aufsitzerpflanzen, Epiphyten genannt. Ihre Samen keimen, wenn sie auf einer der zumeist dicht mit Moosen gepolsterten Zweige fallen. Zu den wichtigsten Vertretern zählen die Bromelien (Bromeliaceae), darunter bekannte Zimmerpflanzen wie Neoregelie (*Neoregelia*), Nestrosette (*Nidularium*), Guzmanie (*Guzmania*), Vriesee (*Vriesea*) und die Tillandsien (*Tillandsia*) mit ihrer Fülle schön blühender Arten, die zumeist auf Steinen aufgeklebt angeboten werden. Auch die Ananas (*Ananas comosus*) ist ein Bromeliengewächs. Schneidet man von gekauften Früchten den Blattschopf ab und entfernt einige der unteren Blätter, so dass ein „Stamm" entsteht, schlägt dieser in sandiger Erde zuverlässig Wurzeln.
Von den Wasservorräten des Bodens abgeschnitten, haben Bromelien eigene Techniken entwickelt, um an den täglichen Regenfällen

teilzuhaben. So legen sie ihre Blätter ringförmig an, um in ihrer Mitte einen Trichter zu formen, in dem sich Wasser fängt. Auch in Wintergartenkultur sollte dieser immer mit Wasser gefüllt sein. Viele epiphytische Bromelien haben obendrein eine besondere Technik entwickelt, um Wasserverluste zu vermeiden. Sie sammeln in den Spaltöffnungen ihrer Blätter nachts Kohlendioxid (CO_2). Dabei entsteht Apfelsäure. Tagsüber brauchen die Pflanzen ihre Spaltöffnungen dann nicht mehr zu öffnen, über die unweigerlich Wasser verdunsten würde. Aus der Apfelsäure wird im Blattinneren Kohlendioxid zurückgewonnen und für den Energieaufbau (Photosynthese) verwendet. Der Wasserbedarf ist auf diese Weise minimal. Viele Epiphyten haben als zusätzlichen Verdunstungsschutz derbe, schmale Blätter ausgebildet, deren oft helle Farbe das Sonnenlicht reflektiert. Blühfaule Bromelien regt man mit vollreifen Äpfeln zur Blüte an, die man neben die Pflanzen legt oder aufhängt. Sie verströmen das Gas Ethylen, das die Blüte fördert.

Tillandsien sind sehr genügsam und überraschen mit Blüten.

---

3 Don-Juan-Pflanze
(Juanulloa mexicana)

Orangefarbene Blüten sind im Wintergarten-Sortiment nicht gerade häufig. Deshalb verdienen diese Großsträucher, auch Guacamaya-Sträucher genannt, mit ihren leuchtend orangefarbenen, langgezogenen Blütenkelchen unsere besondere Aufmerksamkeit. Die Kronblätter ragen nur wenig daraus hervor. Selbst wenn sie welk sind, bleibt der Schmuck der Kelche noch einige Wochen erhalten.
Pflege: Für Nachtschattengewächse untypischer mäßiger Wasser- und Nährstoffbedarf. Sie wachsen deutlich langsamer und verzweigen sich zurückhaltend, deshalb bleiben die Kronen auch im Alter licht. Triebe regelmäßig entspitzen.
Gesundheit: Vorsicht, Wollläuse!
Verwendung: Zumeist immergrüne, mannshohe Leitpflanzen.

4 Wandelröschen
(Lantana camara)

Wunderbar wandelbar sind die Blüten dieser langlebigen Sträucher, die man viel zu häufig als „einjährige Wegwerfblumen" angeboten sieht. Dabei entwickeln sie von Jahr zu Jahr immer dichtere Kronen, die den ganzen Sommer Farbe bekennen: Öffnen sich die Blüten, sind sie je nach Sorte erst Gelb, dann Orange und schließlich Rot, oder zunächst Weiß, dann Rosa. Srten von *Lantana-montevidensis* bleiben einfarbig und wachsen bodendeckend.
Pflege: Die bis zu 2 m hohen Kronen können nur mit viel Wasser und Dünger die Dauerblüte versorgen. Häufiges Entspitzen und Ausputzen verlängert den Flor.
Gesundheit: Weiße Fliegen sind lästige Dauergäste.
Verwendung: Viel zu wenig beachtete Dauerblüher unter Glas.

5 Gelber Trompetenstrauch
(Tecoma stans)

Durch regelmäßigen Schnitt bestimmen Sie selbst, ob aus diesen Südamerikanern große Sträucher oder kleine Bäume heranwachsen. In beiden Fällen präsentieren sie über viele Sommermonate hinweg ihre bis zu 5 cm langen, sonnengelben Blütentrichter, die sich in dichten Büscheln sammeln.
Pflege: Die weichen Fiederblätter verdunsten reichlich Wasser, das immer wieder so rechtzeitig nachgefüllt werden muss, dass die Erde nicht austrocknet. Der Nährstoffbedarf ist hoch, muss aber mit einem regelmäßigen Schnitt der Kronen einhergehen, damit die Pflanzen ihre Kraft in die Blüten und nicht in allein die Blattbildung investieren.
Gesundheit: Häufig Weiße Fliege.
Verwendung: Wüchsige, lockerkronige Dauerblüher für Sonnenlagen.

Trockenheit inmitten der Tropen

Doch die Tropen, die geographisch als erdumspannender Gürtel zwischen dem nördlichen und südlichen Wendekreis (je 23° Nord und Süd) definiert sind, bestehen nicht nur aus dauerfeuchten Regenwäldern. Diese liegen in einem engeren Gebiet zwischen 0 und 10° nördlicher und südlicher Breite. Ebenso dazu zählen halbimmergrüne Regenwälder (zwischen10 und 23°), die durch Trockenzeiten von mehr als zwei Monaten geprägt sind. Man nennt sie auch „wechselfeuchte Wälder" und je nach Verteilung der Trocken- und Regenzeiten „Trockenwälder" oder „Monsunwälder". Hier leben Pflanzen, die während der regenarmen Zeit ihr Laub abwerfen und frisch sprießen, wenn die ersten Tropfen einsetzen. Aus diesen Vegetationszonen stammen einige der schönsten Blütenbäume für den Wintergarten wie der Afrikanische Tulpenbaum (*Spathodea*) und der Flammenbaum (*Delonix*, beide auf Seite 114). Ihnen fällt die Umstellung auf unsere lichtarmen Winter leichter als so manchen Immergrünen. Was in ihrer Heimat Trockenheit bewirkt, schafft hierzulande der Lichtmangel: Sie werfen ihr Laub ab und sparen damit wertvolle Energie, anstatt sie aufzuzehren. Sobald im Frühjahr die Tageslänge und die Lichtintensität wieder zunehmen, sprießt neues Laub aus den Trieben und die Blütezeit beginnt.

Doch nicht nur regional herrscht in den Tropen Trockenheit. Auch lokal müssen Pflanzen trotz der hohen Niederschlagsmengen mit den Wasserreserven haushalten wie die Aufsitzerpflanzen (Seite 117). Hoch oben auf den Zweigen müssen sie mit der Feuchtigkeit auskommen, die sie während der kurzen Regenfälle aufnehmen können. Tagsüber, wenn die Sonne mehr als zehn Stunden täglich durch die Kronen auf ihre Blätter fällt, ist die Verdunstungsrate hoch und es kann inmitten

Arten, die in Trockenzeiten ihr Laub abwerfen, passen sich besonders gut an unsere Winter an.

Blütenspaß mitten im Winter

1 Goldähre
(Pachystachys lutea)

Vielleicht hat einer dieser Südamerikaner schon einmal Ihre Fensterbank verziert, ohne dass Sie seine wahren Qualitäten kannten. Denn diese meist nur als kleine Topfpflanzen angebotenen Dauerblüher sind wunderschöne Wintergartenpflanzen, die durchaus 2 bis 3 m hoch werden können. Die weißen Blütenröhren halten zwar nur kurz, die Ähren gelber Tragblätter jedoch wochenlang. Ganzjährig blühfähig.
Pflege: Der Standort sollte sehr hell, aber nicht vollsonnig sein, die Wasser- und Düngergaben konstant. Im Spätwinter bringt man die weichtriebigen Kronen durch einen kräftigen Rückschnitt in Form.
Gesundheit: Lichte Kronen sind weniger anfällig für Schädlinge.
Verwendung: Farbenfrohe Solitär- oder Gruppensträucher.

2 Pavonie
(Pavonia multiflora)

Am Ende der straff aufrechten Triebe stehen während des ganzen Jahres – allerdings mit wechselnder Intensität – pinkfarbene Blüten, deren Kelchblätter sich nur zögerlich öffnen und ihr schwarzrotes Inneres preisgeben. Sie sitzen auf langen Stielen und verraten eindeutig ihre Zugehörigkeit zu den Malvengewächsen.
Pflege: Der Wasserbedarf der festen, ungeteilten, bis zu 20 cm langen, glänzenden Blätter ist mäßig, ebenso der Nährstoffverbrauch. Die Kronen können Höhen von 2 m erreichen. Ohne regelmäßigen Rückschnitt verzweigen und verdichten sie sich nur zögerlich.
Gesundheit: Achten Sie auf Läuse.
Verwendung: Schlanke Blütensträucher mit auffälligen Spitzenblüten für schmale Pflanzecken.

1

der tropischen Üppigkeit zu Wassermangel kommen! Epiphytische Orchideen (Seite 106), aber auch viele andere Tropenpflanzen sind an diese Extrembedingungen angepasst. Ihnen genügt es deshalb auch im Wintergarten, wenn man sie nur mäßig gießt. Dabei sollten sie jedoch niemals vollständig austrocknen, da sie das – anders als beispielsweise die Mediterranen – nicht vertragen.

Ein Paradies für (kleine) Tiere

Es gibt leider fast nichts, das neben einer Licht- auch eine Schattenseite hätte. Der warme Wintergarten macht da keine Ausnahme. Auf der einen Seite erfreut er uns mit seiner sprichwörtlichen Üppigkeit. Andererseits hat man in dauerwarmen Räumen mehr Last mit Schädlingen als bei jedem anderen Wintergartentyp. Dabei ist es nur zu gut verständlich, dass sich Laus & Co. hier ganzjährig wohl fühlen und vermehren. Die konstant hohe Temperatur fordert weder bei den erwachsenen noch bei den Jungtieren Opfer, wie es im kalten Wintergarten von Dezember bis Februar der Fall ist. Die Luftfeuchte ist gleichbleibend hoch und das Nahrungsangebot an Pflanzensäften nahezu unerschöpflich. Da heißt es für den Wintergartenbesitzer: ständig kontrollieren und sofortige Eindämmungsmaßnahmen einleiten. Auch wenn es Ihnen schwer fällt: Ohne Pflanzenschutz werden Sie auf Dauer keine Freude an Ihrem grünen Paradies haben. Und wer zu lange zögert, verschlimmert das Problem. Denn angesichts oft dichter, üppiger Bepflanzungen fällt es den Schädlingen sehr leicht, von einer Pflanze zur nächsten zu wandern. Je stärker sich aber die Populationen vermehrt und über den gesamten Wintergarten verteilt haben, umso aufwändiger wird die Bekämpfung.

Traurig, aber wahr: Einen warmen Wintergarten ohne Schädlinge gibt es nicht!

3

3 Brasilianischer Federbusch
(Justicia carnea)

An den Enden der jungen Triebe präsentieren diese nur langsam verholzenden, zumeist immergrünen Sträucher rosafarbene Blütenkerzen, die bis zu 20 cm lang werden. Je besser sich die Kronen verzweigen, umso reicher fällt die Blüte aus. Weisen Sie den Brasilianerinnen deshalb einen Platz zu, an dem sie ihre breit ovalen, hüfthohen Kronen ausbreiten können.
Pflege: Feuchtigkeit und Nährstoffe sollten stets in konstantem Maße vorhanden sein, ohne dass es zu Dauernässe oder Überdüngung kommt. Direkt nach der Blüte schneidet man die Triebe kräftig zurück, damit sie sich verzweigen.
Gesundheit: Eine ausgewogene Ernährung hält die Pflanzen vital und widerstandsfähig.
Verwendung: Kleine Begleiter.

4 Kerzenstrauch
(Senna didymobotrya)

Diese Südamerikaner sind in vielerlei Hinsicht kurios. Ihre Blütenstände bilden sich an den Enden der aufrecht strebenden Triebe. Die Knospen sind in Schwarz gehüllt und geben ihre dottergelben Schalenblüten preis, wenn sie sich öffnen. Während die unteren welken und abfallen, wachsen an der Spitze neue nach, so dass der Blütenstiel bis zu 1 m Länge erreichen kann. Doch damit nicht genug: Die Blätter duften so intensiv nach frischer Erdnussbutter, wie es kein anderer Wintergartengast vermag.
Pflege: Die Erde sollte nicht austrocknen, der Nährstoffbedarf ist mäßig. Die Triebe werden nach der Blüte im Herbst gekappt.
Gesundheit: Häufig kontrollieren.
Verwendung: Vielseitiger und ungewöhnlicher Solitärstrauch.

Eine bewährte Alternative zur Spritzflasche ist der Einsatz von **Nützlingen**. Wie für die Schädlinge herrschen auch für sie im warmen Wintergarten zumeist ganzjährig ideale Lebensbedingungen. Indem sich die Nützlinge von den Schädlingspopulationen ernähren, halten sie diese auf einem erträglich niedrigen Maß. Sie werden jedoch meist nicht ganz getilgt. Deshalb gilt auch hier: ständig am Ball bleiben und bei Bedarf neue Nützlingspopulationen einsetzen (siehe Seite 154ff.).

Der passende Rahmen für tropische Wintergärten

Wer sein grünes Paradies üppig bepflanzt, erlaubt es dem Blattwerk, einiges an Licht und Helligkeit zu schlucken. Ideal ist es deshalb, wenn man als Kontrast einen hellen Bodenbelag und möglichst weiße Möbel wählt. Sie sorgen für eine freundlichere Stimmung, während Naturmaterialien wie Korb- oder Holzstühle eher mit der Bepflanzung verschmelzen. Große Wurzel- und Stammabschnitte inmitten der Pflanzbeete unterstreichen den Eindruck eines „Dschungels", in dem alles Leben im Fluss ist und ein frei gewordener Platz sogleich von einer neuen Pflanze eingenommen wird. Zudem eignen sich diese „Baumveteranen" bestens, um die so typischen Aufsitzerpflanzen wirkungsvoll zur Geltung zu bringen. Besonders gelungene Partien oder einzelne Pflanzen lassen sich mit Lichtspots betonen. Mit farbigen Filtern oder Folien ausgestattet, sorgen warme Farbtöne für Atmosphäre. Bei frühzeitiger Planung kann man Bodenleuchten oder versteckt platzierte Lichtquellen einsetzen, die für stimmungsvolles, indirektes Licht sorgen. Sie müssen von der Vegetation frei gehalten und regelmäßig gereinigt werden, damit sich keine Beläge absetzen und das Licht dimmen.

Sorgen Sie für Lichtblicke im grünen Blätterdschungel.

Kletterpflanzen fürs Warme

1 Pfeifenwinde
(Aristolochia)

Obwohl diese Gattung zu den Aasfliegenblumen zählt, die mit ihrem Geruch Fliegen zur Bestäubung anlocken, riechen *A. grandiflora* (Bild) und *A. littoralis* so wenig, dass man schon sehr nahe mit der Nase herangehen muss, um ihn wahrzunehmen. Stattdessen kann man sich ungestört an den außergewöhnlich geformten, lappenartigen, fein gemusterten, braunen Blüten dieser schlingenden Kletterpflanzen erfreuen.
Pflege: Eine gleichmäßige Boden- und Luftfeuchte fördert das kräftige Wachstum. Mäßig düngen.
Gesundheit: Achten Sie auf Läuse. Je lichter und koordinierter die Triebe wachsen, umso besser lassen sich Schädlinge entdecken.
Verwendung: Imposante Kletterpflanzen für den Hintergrund.

2 Himmelsblume
(Thunbergia)

Im Gegensatz zur bekannten, einjährigen Schwarzäugigen Susanne (*T. alata*) sind die anderen Vertreter dieser Gattung mehrjährige Schlingpflanzen mit imposanten Blüten. *T. gregorii* trägt knallig orangefarbene Blütentrichter, *T. battiscombei* violettblaue. Der himmelblaue Flor von *T. grandiflora* (Bild) ist besonders üppig und groß. Die Blüten erreichen bis zu 6 cm Durchmesser. *T. mysorensis* zeigt gelbbraune Blütenähren.
Pflege: Die weichen Blätter schätzen eine hohe Luft- und Bodenfeuchte. Sind die Blätter dunkelgrün, ist die Nährstoffgabe ideal.
Gesundheit: Weiße Fliegen und Spinnmilben müssen im Sommer unter Kontrolle gehalten werden.
Verwendung: Schönblütige Kletterpflanzen für die erste Reihe.

Helfer beim Pflanzenschutz: Fleisch fressende Pflanzen

Fleisch fressende Pflanzen wie die Kannenpflanze (Nepenthes) *locken Insekten an und verdauen sie.*

Wenn Pflanzen zu Fleischfressern werden, tun sie dies aus einem Mangel heraus – dem Mangel an Nährstoffen. Durch die Verdauung von Insekten erschließen sie Stickstoff und Phosphat, die für das Wachstum wichtig, aber nicht in ausreichender Menge im Boden gelöst sind.

Die Beute wird durch spezielle Duftstoffe angelockt und dann mit Hilfe verschiedener Fallensysteme („Fallgruben", Kleb-, Klapp- oder Reusenfallen) festgehalten. Gefangene Tiere werden durch Enzyme (Exoenzyme) zersetzt, über spezielle Organe (z.B. Absorptionshaare) aufgenommen und dem Stoffwechsel zugeführt.

Die **Kannenpflanzen** (*Nepenthes*) sind ideale Bewohner des warmen Wintergartens, denn sie lieben dauerwarme, luftfeuchte Bedingungen. In ihren kannenförmigen Fangorganen befindet sich ein Verdauungssaft. Insekten werden über Duftstoffe am Deckel angelockt und rutschen an den glatten Wänden hinab in die Flüssigkeit, aus der sie nicht

mehr herauskommen. Mit ihrer Lebensweise trägt die Kannenpflanze zur Gesunderhaltung Ihres Wintergartens bei. Kannenpflanzen fühlen sich in Orchideenerde wohl.

Die **Schlauchpflanze** (*Darlingtonia californica*), auch Kobra-Lilie genannt, hat eine sehr ähnliche Technik entwickelt. Sie fängt ihre Beute in aufrechten Schläuchen, die mit Verdauungssekreten gefüllt sind. Die Temperatur sollte nicht unter 20°C fallen.

Der **Sonnentau** (*Drosera*) fängt seine Beute mit klebrigen Tentakeln. Als Substrat eignet sich saure Rhododendronerde, denn die verschiedenen Sonnentau-Arten sind in moorigen Gegenden weltweit zu Hause. Viele der auch bei uns heimischen Arten wie Rundblättriger Sonnentau (*D. rotundifolia*) sind kältetolerant und deshalb eher für den kalten Wintergarten geeignet. Einige aber sind besser in einem temperierten bis warmen Wintergarten gut aufgehoben. Hierzu zählen beispielsweise *Drosera spatulata*, *D. capensis*, *D. adelae*, *D. schizandra*.

---

3 Feuerranke
(Pyrostegia venusta)

Zumeist im Spätwinter und Frühjahr öffnet dieser Ranker seine hell orangefarbenen Blütenröhren, die sich in dichten Pulks mit 15 bis 20 Stück formieren. Die südamerikanischen Immergrünen können bis in Höhen von 8 bis 10 m hinaufreichen, um dem Sonnenlicht entgegenzustreben, das sie so mögen.
Pflege: Die Pflege ist einfach, da keine besonderen Ansprüche gestellt werden. Mit einem Mittelmaß sind die Kletterer vollauf zufrieden. Ein jährlicher Auslichtungsschnitt erfolgt nach der Blüte.
Gesundheit: Kontrollieren Sie regelmäßig die Blätter, um zum Beispiel Wollläuse oder Spinnmilben zu entdecken, bevor sie sich vermehren und ausbreiten können.
Verwendung: Auf die tollen Blüten sollte man freien Blick haben.

4 Goldkelchwein
(Solandra maxima)

Der botanische Artname „maxima" ist bei diesen Mexikanern Programm. Nicht nur die hell- bis braungelben Blütentrichter, die ab dem späten Abend süß duften, sind mit bis zu 10 cm Durchmesser gigantisch. Auch das Wachstum ist es: Die nicht windenden, sondern geradewegs nach oben strebenden Triebe können in drei Wochen 1 m an Länge zulegen. Wer sie regelmäßig kappt, erhält Büsche, verzögert aber die Blüte.
Pflege: Wer so viel wächst, braucht viel Wasser und Nährstoffe sowie einen alljährlichen, kräftigen Rückschnitt direkt nach der Blüte.
Gesundheit: An den festen, nährstoffreichen, ungeteilten Blättern laben sich einige Schädlingsarten.
Verwendung: Starkwüchsiger Kletterer für große und hohe Wände.

5 Wachsblumen
(Hoya, Stephanotis)

Beide Kletterpflanzen überzeugen mit weißen, intensiv duftenden Blüten und immergrünen, wachsartig überzogenen, glänzenden, ganzrandigen Blättern. Die Blütenform ist jedoch verschieden. Während *Hoya carnosa* sternförmige Blüten trägt, sind sie bei *Stephanotis floribunda* röhrenförmig. Man bezeichnet letztere auch als Kranzschlinge.
Pflege: Beide lieben helle, aber absonnige Lagen und eine gleichmäßig niedrige Bodenfeuchte. In den derben Blätter legen die Schlinger Wasser- und Nährstoffvorräte an, mit denen sie Schwankungen ausgleichen können. Schnitt ist unnötig, aber möglich.
Gesundheit: Zuweilen Schildläuse.
Verwendung: Langsam wachsende Kletterpflanzen, die mit ihrem Duft in Sitzplatznähe gehören.

Tropen-Königinnen: *Helikonien* und *Ingwergewächse*

Bizarre Blüten: Helikonien

Wer Helikonien (*Heliconia*) ein einziges Mal blühend gesehen hat, wird sie nicht so schnell vergessen, so prachtvoll sind sie mit ihren leuchtenden Farben. Die Blütenstände können über 1 m lang werden! Sie bestehen aus kahnförmigen, festen Tragblättern, in deren Vertiefung sich die Blüten befinden, die von Vögeln wie Kolibris oder von Fledermäusen bestäubt werden. Letztere finden trotz ihres im Vergleich zu Insekten hohen Körpergewichts auf den stabilen, wochenlang blühenden Blütenschiffen ideale Landeplätze. Auch die Blätter sind eine Pracht: Sie werden übermannshoch und zeigen eindeutig ihre Verwandtschaft mit den Bananen,- Strelitzien- und Ingwergewächsen. Aus einem geraden Mitteltrieb sprießen im Wechsel links und rechts die Blätter hervor. Helikonien zählen in den Tropengebieten zu den beliebtesten Zierpflanzen. Zentrum neuer Züchtungen ist Hawaii.

Hierzulande ist ein warmer Wintergarten mit Dauertemperaturen über 18°C nötig, um die Blütenpracht von Helikonien bestaunen zu können. Der Standort sollte ganzjährig luftfeucht und nicht sonnenbeschienen sein. Halbschattige Lagen im Schutz hoher, aber lichter Baumkronen im Wintergarten sind ideal. Der Boden sollte sehr humos und dauerfeucht, aber nicht nass sein, da die fleischigen Wurzeln (Rhizome) sonst faulen. Im Frühjahr kann man die Wurzelstöcke wüchsiger Pflanzen teilen. Die großen Schnittwunden werden zur Desinfektion mit Holzkohlepulver bestäubt.

Helikonien-Blüten halten nicht nur an den staudigen Pflanzen, sondern auch in der Vase wochenlang.

Helikonien für den warmen Wintergarten

Name	Blütenfarbe	Blütenlänge
Heliconia angusta	rot-weiß	30 bis 40 cm
Heliconia aurantiaca	gelb	20 bis 30 cm
Heliconia bihai	rot	30 bis 40 cm
Heliconia caribaea	gelb, rot	80 bis 120 cm
Heliconia chartaceae	violett-rot	50 bis 80 cm
Heliconia collinsiana	rot-gelb	40 bis 60 cm
Heliconia imbricata	gelb	20 bis 30 cm
Heliconia latispatha	rot-gelb	20 bis 30 cm
Heliconia lutea	gelb	30 bis 40 cm
Heliconia psittacorum	rot, orange, gelb	20 bis 30 cm
Heliconia rostrata	rot-gelb	120 bis 150 cm
Heliconia stricta	rot-grün	50 bis 80 cm
Heliconia velloziana	rot	40 bis 60 cm
Heliconia wagneriana	rot-orange-grün	40 bis 60 cm

Ingwergewächse - nicht nur als Gewürze gut

Mannshohe Blätter und exotisch schöne Blüten machen as den Gewürzpflanzen attraktive Zierpflanzen.

Ingwer, Kardamom und Safranwurz kennen Sie sicher als Gewürze. Ingwerwurzeln lassen sich beispielsweise pur, kandiert oder als Geschmacksnote in Tees, Gebäck oder Schokolade genießen. Doch die dazugehörigen Pflanzen (*Zingiber, Curcuma, Elettaria*) sind weitgehend unbekannt. Dabei verdienen sie mit ihren mannshohen, dekorativen Blättern und den teilweise sehr attraktiven Blüten eine größere Verbreitung. Gleiches gilt für weitere Vertreter der Familie Zingiberaceae: Die an ätherischen Ölen reichen Wurzeln der Gattung *Alpinia* verwendet man vielfach als Heilmittel, *Alpinia officinarum* beispielsweise zur Beruhigung des Magens. Die Blüten der Gattung *Hedychium* sind prachtvoll und verströmen einen lieblichen Duft, der sich mit Jasmin und Frangipani durchaus messen kann. Die Arten der Gattung *Costus* – inzwischen in einer eigenen Familie (Costaceae) geführt – entwickeln ebenfalls die für Ingwer-Verwandte typischen Blätter und hübschen Blüten.

Mit Geduld zum Ziel

Eine Ingwerknolle zum Treiben zu bringen, erfordert einige Monate Geduld. Doch einmal gekeimt, ist ihr Wachstum bei konstant über 18°C sehr rasch. Aus den fingerartig verzweigten Wurzeln sprießen immer neue Triebe und bilden dichte Horste. Bei Temperaturen unter 8°C sterben die Blätter meist ab, sprießen aber mit ansteigenden Temperaturen im Frühjahr wieder. Die Erde sollte mit Kies, Splitt, Blähton oder grobem Sand angereichert sein, damit keine Staunässe entsteht. Gedüngt wird mit Langzeitdünger im Frühjahr.

Die schönsten Arten der Ingwergewächse

Name	Blüte	Bemerkung
Alpinia galanga	weiß-rosa; unauffällig	Nutzpflanze
Alpinia purpurata	rot; 20–30 cm lang	sehr wüchsig
Alpinia vittata	unscheinbar	Blattschmuckpflanze
Alpinia zerumbet	weiß-gelb-rot	sehr schöne Blüte
Costus afer	rosa-rot	Triebe spiralig gedreht
Costus speciosus	weiß-rosa-gelb	Triebe spiralig gedreht
Curcuma longa	hellgelb, unscheinbar	Nutzpflanze
Etlingera elatior	rosa, seerosenförmig	sehr auffällige Blüte
Globba atrosanguinea	rot	Blütenstand hängend
Globba winitii	rosa-violett-gelb	Blütenstand hängend
Hedychium coccineum	rot; bis zu 30 cm lang	intensiv duftend
Hedychium coronarium	weiß	intensiv duftend
Hedychium flavum	gelb	intensiv duftend
Hedychium gardnerianum	gelb	intensiv duftend
Zingiber officinale	weiß-violett	Nutzpflanze
Zingiber zerumbet	weiß	zapfenartiger Blütenstand

Hurra, **Hibiskus!**

Bis zu 25 cm Durchmesser können Hibis-
kus-Blüten (*Hibiscus rosa-sinensis*) erreichen. Sie
sind einfach, halb gefüllt oder gefüllt, doppeletagig oder tragen
gewellte Blütenränder. Bei gefüllten Formen sind häufig die Staubblätter in Blütenblätter umgewandelt. Somit sind sie steril und können keine Samen ansetzen. Die
Sortenfülle geht weltweit in die Tausende, wobei die züchterischen Aktivitäten in
den USA, Australien und Neuseeland am größten sind. Hawaii und Malaysia haben
die herrlichen Blüten in ihre Staatswappen aufgenommen. Als Heimat des Hibiskus wird das tropische Asien (Südostasien) angenommen.

Von der Fensterbank in den Wintergarten

Hibiskus, der unter 15 °C überwintert, wirft sein Laub weitgehend ab, treibt aber im Frühling frisch aus.

Hibiskus kennt man vor allem als kleine, kompakte Topfpflanzen für die Fensterbank, die sich mit riesengroßen Blüten schmücken. Dieses Wuchsverhalten entspricht jedoch nicht dem natürlichen. Die Pflanzen sind mit Wuchshemmstoffen
behandelt, die sie stauchen und zum frühzeitigen Blütenansatz veranlassen. Lässt
man die Kronen dagegen natürlich wachsen, überzeugen sie mit hüft- bis mannshohen Kronen, die eine Zierde für jeden temperierten oder warmen Wintergarten
sind. Ihre Blüten zeigen sich hier über einen Zeitraum von mehr als sechs, oft sogar
acht Monaten. Unter Glas sind die Kronen vor Kälte, Wind und Nässe geschützt, die
den Sommer über im Freien rasch zum Abwurf der Blütenknospen führen können.

Hibiskus-Sorten mit gefüllten Blüten

Sorte	Blütenfarbe	Blütengröße
'Afterglow'	rot-weiß	16 cm
'Angelique'	rot	20 cm
'Brown Betty'	aprikotbraun	16 cm
'Fifth Generation'	hellgelb	14 cm
'Toffee Gateaux'	gelb	18 cm
'Crown of Bohemia'	gelb	14 cm
'D. J. O'Brien'	aprikot	15 cm

Hibiskus-Sorten mit halb gefüllten Blüten

Sorte	Blütenfarbe	Blütengröße
'Anna Elizabeth'	grün-weiß-rosa	16 cm
'Classic Apricot'	gelb-orange	12 cm
'Classic Red'	rot	12 cm
'Elephant Ear'	reinweiß	18 cm
'Kardinal Peach'	aprikot	12 cm
'Snook'	hellviolett	14 cm

So pflegen Sie Hibiskus richtig

Bei der Pflege der Tropen-Schönheiten gibt es nur wenig zu beachten. Um reichhaltig blühen zu können, wünschen sie sonnige Standorte. Im Halbschatten gedeihen sie ebenfalls, jedoch lässt der Flor hier zu wünschen übrig. Als Pflanzerde ist hochwertige Kübelpflanzenerde geeignet, der man ein Viertel Blähton, Kies oder Splitt beimischt, um sie durchlässig zu machen. Obwohl Hibiskus reichlich Wasser verlangt, dürfen seine Wurzeln nicht über längere Zeit nass stehen, da sie sonst faulen. Gedüngt wird jede Woche ein Mal mit Sofortdünger für Kübelpflanzen. Wer aus der Form geratene Kronen korrigieren möchte, nimmt den Schnitt im Februar oder März vor dem neuen Durchtrieb vor. Besonders schön machen sich Hibiskus als Stämmchen. Hier müssen Sie die Kugelkronen während der gesamten Saison regelmäßig stutzen, um sie kompakt zu halten. Lästig können Blattläuse werden, die sich an den frischen Blättern und Blütenknospen ansiedeln (Seite 154) und diese bereits deutlich reduzieren. Bekämpfen Sie die Tiere und kontrollieren Sie die Triebspitzen laufend auf neu auftretende Läuse.

Gießen Sie mit zimmerwarmem Regenwasser. Kalkreiches Leitungswasser wird mit monatlichen Gaben Rhododendrondünger ausgeglichen.

Und noch mehr Hibiskus

Ihre großschaligen, fünfblättrigen Blüten haben auch anderen Malvengewächsen den Namen „Hibiskus" eingetragen. Der Norfolk-Hibiskus (*Lagunaria patersonii*) und der Blaue Hibiskus (*Alyogyne huegelii*, Seite 54) passen ideal zu Hibiskus-Sammlungen. Hibiskusähnliche Blüten von ebenso imposanter Größe tragen *Abelmoschus*-Arten (z.B. *A. manihot*, *A. moschatus*).

Hibiskus-Sorten mit einfachen Blüten

Sorte	Blütenfarbe	Blütengröße
'Alicante'	rot	10 cm
'Bahia'	weiß-gelb-rot	10 cm
'Bali'	weiß-rosa	16 cm
'Big Surprise'	rotorange	14 cm
'Blue Thunder'	violett-rot	16 cm
'Butterfly'	hellgelb	14 cm
'Cherie'	aprikot-rot	12 cm
'Cream Cherry'	weiß-rosa	10 cm
'Dragons Breath'	dunkelrot-weiß	18 cm
'Fantasia'	weiß-pink	10 cm
'Golden Queen'	aprikot	16 cm
'Mystique'	grün-grau	18 cm
'Peppermint Star'	rot-weiß gesprenkelt	14 cm
'Royal Yellow'	gelb-rot	14 cm
'Salmon Beauty'	aprikot	14 cm
'Zauberflöte'	gelb-weiß-rosa	18 cm

Tropischer Blattschmuck wie im Dschungel

Nicht alles, was nach Banane aussieht, ist auch eine. Ähnliche, aber derbere Blätter hat die Baum-Strelitzie (Strelitzia nicolai) – rechts im Bild – und der Baum-der-Reisenden (Ravenala madagascariensis). Eine Banane ist hier links zu sehen (Musa × paradisiaca).

Obwohl unser Augenmerk zumeist auf den Blütenpflanzen liegt, die uns mit bunten Farben und virtuos geformten Blütenwundern begeistern, spielen sie bei der Gestaltung nicht die Hauptrolle. Die wahren Herrscher jedes Wintergartens sind die Blattschmuckpflanzen. Denn sie sind das ganze Jahr über attraktiv. Blütenpflanzen setzen dagegen meist nur kurzfristige Akzente. In der übrigen Zeit des Jahres stehen auch sie Grün in Grün da, was einen über die Pracht der Blüten kaum hinwegtrösten kann.

Mit den Blättern planen

Geben Sie Ihrem Wintergarten also zunächst mit Blattschmuckpflanzen den richtigen Rahmen, damit er ganzjährig attraktiv ist. Erst dann geht es an die Auswahl der Blütenpflanzen, die als „highlights" dienen. Bei der Gartenplanung trennt man dabei zwischen Leit- und Begleitpflanzen. Ein Großteil der Leitpflanzen sollte im Hinblick auf ihre Belaubung oder ihren Wuchs ausgewählt sein. Einzelne Blütenpflanzen gesellen sich hinzu, die ebenfalls über ein attraktives Laubwerk verfügen sollten. Erst dann füllt man die Flächen mit Begleitpflanzen auf, die die Leitpflanzen in ihrer Wirkung unterstützen und zwischen verschiedenen Wuchsformen vermitteln. Geht man dagegen von Anfang an nur nach seinem persönlichen Geschmack, kommt am Ende ein Stelldichein fantastisch blühender Einzelexemplare heraus, die jedoch miteinander kein Gesamtbild ergeben. Sie stören sich womöglich gegenseitig, wenn ihre Blütenfarben unharmonisch wirken oder sich einzelne zu stark in den Vordergrund drängen.

Großartig großblättrig

Als Hintergrundpflanzen sind vor allem solche geeignet, die ein ruhiges Blattwerk haben. Die Blattspreiten sollten groß, aber nicht riesig und nicht zu bewegt sein. Ein handförmig geteiltes Blatt wie bei den Aralien lenkt bereits mehr ab als ein ganzrandiges. Helikonien und Ingwergewächse (Seite 122f.) formen mit ihren Trie-

Ob klein oder groß, gefiedert oder flächig: Blattschmuckpflanzen sorgen in jedem Wintergarten für eine ruhige, entspannte Atmosphäre.

ben erst in Gruppen einen ebenmäßigen Rahmen, wenn sich ihre länglichen Blätter überlappen. Ein Ruhepol fürs Auge sind dagegen alle Fächerpalmen (Seite 134) mit ihren apart gefalteten, oft kreisrunden Blättern – ebenso Strelitzien (*Strelitzia*, Seite 130) und der Baum-der-Reisenden (*Ravenala*, Seite 130) mit sehr festen Ruderblättern, die imposant in die Höhe ragen.

Zu den ganz besonders feinblättrigen Grünpflanzen zählen die Baumfarne (Seite 129) und Palmfarne (Seite 131). Ihre Wedel sind so dicht gefiedert, dass die Augen sie schon wieder als ganzes Blatt wahrnehmen. So schaffen sie trotz ihrer Kleinteiligkeit hellgrüne Baldachine, wie sie tropischer nicht sein könnten.

Riesen unter den Blattschmuckpflanzen

Blattschmuckpflanzen werden ihrer vorrangig begleitenden Funktion untreu, sobald manche durch ihre enorme Größe in den Vordergrund rücken. Taro und Elefantenohr (*Colocasia, Alocasia*) können Blätter mit mehr als 1 m² Fläche entwickeln, die oft schon nach einem Jahr an die Zimmerdecke reichen! Ähnlich wüchsig sind die Bananen (*Musa, Ensete,* Seite 139), deren Blattscheiden über 2 m Länge erreichen können. Die Baum-Strelitzie (*Strelizia nicolai*, Seite 130) ist mit ihren bis zu 4 m langen Blattrudern und der weißlichen Bereifung, die ihre Blätter graugrün färbt, ein stattlicher Blickfang.

Unter Glas bleiben große Blätter makelloser als im Freien, da sie nicht durch Windböen eingerissen werden.

Ungeahnte Blütenpracht

Obwohl Blattschmuckpflanzen vorwiegend ihres Laubes wegen verwendet werden, halten sie oft wunderschöne Blüten für ihre Besitzer bereit! Allerdings müssen viele von ihnen dazu ein bestimmtes Alter – zumeist über fünf bis sieben Jahre – erreichen. Sie werden erstaunt sein, wenn Sie die gelben Blütenpompons der Aralie entdecken oder die Blüten der Taro, die ihre Zugehörigkeit zu den Aronstabgewächsen (*Araceae*) eindrucksvoll unter Beweis stellen. Ein blühende Palmlilie (*Yucca aloifolia*) macht ihrem Namen mit Rispen reinweißer Blütenglocken alle Ehre. Und selbst allseits bekannte Pflanzen wie Baumfreund (*Philodendron*) oder Fensterblatt (*Monstera*) werden im Wintergarten unter weit idealeren Lebensbedingungen als im Zimmer ihre Aronstab-Blüten zeigen – ein ganz besonderes Erlebnis!

Weitere Blattschmuckpflanzen für dauerwarme Wintergärten

Buntlaubige Bromelien (Bromeliaceae, S.117)
Zierspargel (*Asparagus*)
Buntwurz (*Caladium*)
Drachenbäume (*Dracaena*)
Efeu (*Hedera*; Bodendecker)
Zwergpfeffer (*Peperomia*)
Dreimasterblume (*Tradescantia*; Bodendecker)

Farbe lässt sich außer durch Blüten auch mit panaschierten oder buntlaubigen Blättern in den Wintergarten bringen.

Bunt ist Trumpf

Ein ganz besonderer Schmuck sind bunte Blätter, denn sie sorgen auch dann für Farbe, wenn einmal Blütenflaute herrscht. Der Fachmann spricht von „Panaschierung". Die weißen, cremefarbenen oder gelblichen Farbflächen entstehen durch einen Mangel an grünem Blattfarbstoff (Chlorophyll) in den Blattzellen. Die Ursache kann ein genetischer Defekt sein, aber auch eine Vireninfektion. Während sich solche Pflanzen in freier Wildbahn auf Dauer zumeist nicht behaupten können, da sie weniger vital und wüchsig sind, freut sich der Mensch über diese Launen der Natur und kultiviert die Buntlaubigen weiter. Doch ihr empfindliches Wesen behalten sie auch in gärtnerischer Obhut. Panaschierte Pflanzen wachsen zumeist langsamer und sind deutlich lichtbedürftiger als ihre vollgrünen Verwandten. Deshalb gilt: je weniger Grün ein Blatt enthält, umso heller muss es stehen. Bei Pflanzen, die trotz ihrer Anomalie sehr vital sind wie die Efeutute (*Epipremnum*), färben sich die Blätter unter Lichtmangel stärker grün. Im Extremfall kann die Panaschierung ganz verschwinden.

Eine andere Art der Blattfärbung ist die Einlagerung von Farbstoffen in den Blattzellen, die das Chlorophyll verdrängen oder überlagern. So entstehen zum Beispiel rote oder braune Laubtönungen. Zu den schönsten tropischen Vertretern zählen die Pfeilwurzgewächse (Maranthaceae). Ihre Blätter sind vielfarbig gemustert,

Zeigt her, eure Blätter!

1 Zypergräser und Papyrus
(Cyperus)

Während die Zypergräser (z.B. *Cyperus alternifolius*, Bild) etwa 0,5 cm breite Blätter tragen und je nach Selektion nur hüfthoch werden, sind die Blätter des Echten Papyrus (*Cyperus papyrus*) fadenartig dünn und stehen in Schöpfen auf Stielen mit bis zu 3 m Länge. Während sie im Freien oft Probleme mit Wind haben, der die Halme knickt, fühlen sie sich unter Glas rundum wohl.
Pflege: Die Gräser brauchen sehr viel Wasser. Der Wasserstand sollte jedoch nie mehr als ein Drittel der Topfhöhe betragen, da sie sonst, anders als am Naturstandort im sprudelnden Flusswasser, rasch unter Sauerstoffmangel leiden.
Gesundheit: Achtung, Spinnmilben!
Verwendung: Große und dennoch filigrane Horste, die in Wassernähe besonders schön wirken.

2 Bandbusch
(Homalocladium platycladum)

Die Triebe dieser ungewöhnlichen Pflanzen sind bandartig verbreitert und frischgrün, um an Laubes statt das Sonnenlicht einzufangen und Lebensenergien aufzubauen. Dafür sind die Blätter sehr klein und haben eine sehr kurze Lebensdauer. In den Knoten der Bandtriebe bilden sich zumeist im Sommer kleine, gelbe, unscheinbare Blüten.
Pflege: Die seegrasartigen Pflanzen stellen keinerlei Ansprüche und sind sehr anpassungsfähig. Halbschattige Lagen sind ihnen ebenso recht wie sonnige. Der Wasser- und Nährstoffbedarf ist mäßig.
Gesundheit: Bandbüsche sind robust und widerstandsfähig gegen Schädlinge und Infektionen.
Verwendung: Interessante Begleitpflanze, deren schlanker Wuchs in hohen Töpfen sehr gut aussieht.

1

Urtümliche Baumfarne

Baumfarne (Cyatheaceae, Dicksoniaceae) sind urzeitliche Pflanzen, die schon existierten, als Dinosaurier die Erde bevölkerten. Sie bilden keine Samen, sondern mikroskopisch kleine Sporen zur Vermehrung aus – wie die Farne. Ihre Blätter sind mehrfach gefiedert und erinnern an Palmwedel.

Der Stamm besteht nicht aus Holz, sondern aus Wurzel- und Blattbasen, die Wasser und Nährstoffe aufnehmen.

Baumfarne kommen weltweit in den Tropen und Subtropen der Südhalbkugel vor. Sie leben im lichtarmen Unterholz dichter Wälder mit dauerfeuchtem und wechselwarmem Klima, wie es zum Beispiel tropische Bergwälder bieten. An die Temperatur stellen sie keine größeren Ansprüche, denn in den Bergregionen der Tropen kühlt es nachts deutlich ab.

Zu den wichtigsten Gattungen zählen *Dicksonia* mit etwa 30 Arten und *Cyathea* mit etwa 600 Arten. In gärtnerischer Kultur befindet sich vor allem der Antarktische Baumfarn (*Dicksonia antarctica*), der sogar Temperaturen um die Null-Grad-Grenze verträgt. Er ist in Ost-australien heimisch, wo er am Boden alter Eukalyptuswälder wächst. Seine Blätter erreichen bis zu 2 m Länge und die „Stämme" mehrere Meter Höhe. Der Australische Baumfarn (*Cyathea australis*) wünscht eine Luftfeuchte über 85 %, denn er stammt aus den australischen Berg- und Nebelwäldern. Sehr selten findet man *Cibotium*- und *Culcita*-Arten in Kultur.

Wer lange Freude an den exklusiven Pflanzen haben möchte, bietet ihnen einen Schattenplatz ohne Zugluft und nebelt die Blätter und Stämme täglich mit entkalktem Wasser ein. Die Luftfeuchte sollte über 80 % betragen.

Für Baumfarne benötigt man aufgrund ihres Schutzstatus am Naturstandort eine CITES-Bescheinigung, die den Bezug aus gärtnerischer Kultur belegt (siehe Seite 130). So werden Naturbestände geschont und Ausbeutung und Vernichtung wirksam vorgebeugt.

Vermehrung: Mit Sporen besetzte Wedel legt man mit der Unterseite auf faserreiches Substrat in Aussaatschalen. Bei 100 % Luftfeuchte und Temperaturen über 20 °C entwickeln sich Jungpflanzen.

Baumfarne werden in ihrer Heimat mehrere Meter hoch.

---

3 **Schraubenbaum**
(Pandanus)

Diese Tropenpflanzen sehen auf den ersten Blick wie Drachenbäume oder Palmlilien aus. Bei näherem Hinsehen erkennt man jedoch, dass die schwertförmigen Blätter spiralförmig aus dem zumeist einzelnen Haupttrieb sprießen. Diese „Schraube" stützt sich später selbst ab, indem sie stelzenartige Wurzeln zum Boden schickt. Die stabilen Blattfasern werden in ihrer Heimat Madagaskar zum Flechten genutzt.

Pflege: Schraubenbäume stellen keine Ansprüche an die Wasser- und Nährstoffversorgung, aber an die Temperatur. Längere Zeit unter 15 °C gehalten, sterben sie ab.

Gesundheit: An den scharf gezähnten Blättern haben Schädlinge kaum Interesse.

Verwendung: „Palmenähnlicher" Baum mit auffälligem Wuchs.

4 **Palmlilie**
(Yucca)

Diese Gattung hat eine Reihe beliebter Arten zu bieten. Am häufigsten trifft man auf die lang- und grünblättrigen Arten *Y. aloifolia* und *Y. elephantipes*. Buntblättrige Sorten wie ‘*Marginata*’ oder ‘*Variegata*’ sorgen zusätzlich für Farbeffekte. Ein noch sehr seltener Wintergartengast ist *Y. rostrata*, deren graublaue, sonnenliebende Blätter auf langsamwüchsigen Stämmen sitzen (Seite 153).

Pflege: Das Prädikat „pflegeleicht" ist noch untertrieben. Yuccas brauchen fast nichts. Werden sie zu groß, kann man sie im Spätwinter an jeder Stelle kappen. Selbst laublose Triebe sprießen aus dem Stamm wieder frisch aus.

Gesundheit: Robust und gesund.

Verwendung: Anspruchsloser, palmenartiger Begleiter.

5 **Kampferbaum**
(Cinnamomum camphora)

Die hellgrünen Blätter dieses Tausendsassas enthalten ein herberfrischend duftendes, ätherisches Öl, das man als „Kampfer" extrahiert. An die Temperatur stellen die Immergrünen keine Ansprüche und fühlen sich im gerade frostfreien, temperierten und warmen Wintergarten gleichermaßen zu Hause.

Pflege: Die dicht belaubten, wüchsigen Kronen fordern reichlich Wasser und Dünger und mindestens einmal pro Jahr einen Korrekturschnitt, damit sie kompakt und handlich bleiben. Ungeschnitten werden die oft knorrig und unorthodox wachsenden Kronen sehr ausladend und hoch.

Gesundheit: Schädlinge sind selten.

Verwendung: Aromatisch duftender Großstrauch oder Kleinbaum mit ausladendem Wuchs.

Palmfarne: Relikte aus früher Vorzeit

Wie die Baumfarne bevölkern auch die Palmfarne (Cycadaceae) die Erde schon seit Jahrmillionen. Im Unterschied zu ihnen bilden die Palmfarne jedoch Blüten und im Alter verholzende Stämme aus, die jedoch selten mehr als 2 m erreichen. Die zapfenartigen männlichen und weiblichen Blütenstände befinden sich auf unterschiedlichen, getrennt geschlechtlichen Pflanzen. Die Bestäubung erfolgt mit Hilfe des Windes. Die ausgesprochen lang-

sam wachsenden Pflanzen bevorzugen absonnige, aber helle Standorte. Pralle Sonne kann die Blätter schädigen. Als Substrat eignet sich Palmenerde, die man stets leicht feucht hält. Temperatur: über 12°C. Die bekannteste Gattung ist Cycas, die in Australien und Südostasien zu Hause ist. Die bei uns am häufigsten kultivierte Art *Cycas revoluta* stammt aus Japan. Aufgrund ihres ähnlichen Wuchsverhaltens ebenfalls zur Gruppe der „Palmfarne"

gehörend: die Mexikanischen Palmfarne (*Dioon*) und Markrozamien (*Macrozamia*), die zu den Zamiaceae zählen.
Für sie alle ist eine CITES-Bescheinigung verpflichtend, da sie international unter strengem Schutz stehen (Washingtoner Artenschutzabkommen). Dieses Zertifikat bescheinigt, dass die Pflanzen aus gärtnerischer Kultur stammen und nicht dem Naturstandort entnommen wurden.

wobei die helleren Flächen wie „Lichtfallen" wirken. In den dunkleren Blattteilen findet dagegen verstärkt die Energiegewinnung (Photosynthese) statt. Zu dieser Familie gehören beispielsweise Ctenanthe (*Ctenanthe*), Marante (*Maranta*), Stromanthe (*Stromanthe*) und Korbmarante (*Calathea*), die Sie als Zimmerpflanzen sicher kennen. Sie wünschen eine konstant hohe Luftfeuchte und eignen sich hervorragend als Unterpflanzung für lichte Kronen im warmen Wintergarten. Durch die Kronen fallen nur vereinzelte Sonnenstrahlen hindurch, die den samtweichen Blättern der Pfeilwurzgewächse keinen Sonnenbrand zufügen. Übrigens: Es liegt kein Pflegefehler vor, wenn Pfeilwurzgewächse nachts ihre Blätter zusammenrollen. Es ist ein natürlicher Schutzmechanismus vor nächtlicher Auskühlung und vor Fressfeinden. Auch die Schiefblätter (z.B. *Begonia rex*) sind farbenfrohe Schattenkünstler,

Riesenstauden

1 Baum-Strelitzie
(Strelitzia nicolai)

Wie ihre kleinen Verwandten, die Paradiesvogelblumen (*Strelitzia reginae*, Seite 98) zählen diese südafrikanischen Blattschönheiten zu den Stauden, obwohl sich aus ihren dicht auf dicht sitzenden Blattscheiden eine Art Stamm bildet. Die Blätter der Baum-Strelitzie können 3 bis 4 m Länge erreichen. Im Alter zeigen sich die typischen „Vogelkopfblüten" in Violettweiß.
Pflege: Wenn die Wasser- und Nährstoffversorgung unregelmäßig ist, macht das gar nichts. Nur eines sollten auch Wintergarten-Einsteiger sicher stellen: einen sehr hellen, sonnigen Standort.
Gesundheit: Unproblematisch.
Verwendung: Imposante Solitärs.

2 Baum-der-Reisenden
(Ravenala madagascariensis)

Diese aus Madagaskar stammenden Strelitziengewächse sind im Wuchs der Baum-Strelitzie sehr ähnlich. Die derben, hellgrünen Blattbasen sind jedoch nicht im Zick-Zack, sondern wie bei einem Fächer nebeneinander aufgereiht.
Pflege: Aus ihrer Heimat sind diese imposanten Stauden eine konstant hohe Temperatur über 18°C gewohnt, die man ihr auch hierzulande bieten sollte, einschließlich eines sehr hellen, sonnigen Platzes. Das Verlangen nach Wasser und Nährstoffen ist mäßig bis gering.
Gesundheit: Schädlinge treten in der Regel nicht auf. Wenn doch, lassen sie sich einfach abwischen.
Verwendung: Wie Baum-Strelitzie.

Setzen Sie rotlaubige Pflanzen nur vereinzelt ein, da sie im Vergleich zu grünen Blättern leicht düster wirken.

die im Unterholz eines warmen Wintergartens mit wenig Licht auskommen. Ihre roten Blattunterseiten wirken wie eine Barriere, durch die das Licht im Blatt festgehalten wird, während es durch hellgrüne Schichten hindurchscheinen kann. Dadurch nutzen Schiefblätter jeden Lichtstrahl sehr effektiv aus.

Doch Vorsicht: die Rotfärbung der gesamten Blattspreite bei anderen Pflanzen kann dagegen eine Anpassung an übermäßig hohe Sonneneinstrahlungen bedeuten. Wüstenpflanzen zum Beispiel fahren ihren Chlorophyll-Anteil zurück oder überlagern ihn mit anderen Farbstoffen, um die „Energiefabrik Blatt" nicht zu überlasten!

Staubwischen auch unter Glas

Wie auf den Möbeln setzt sich auch auf den Blättern von Pflanzen in Innenräumen mit der Zeit eine Staubschicht ab. Sie behindert ab einer gewissen Stärke die Lichtaufnahme und sollte deshalb gelegentlich entfernt werden. Bei großlaubigen Arten ist es am einfachsten, die Blätter mit einem feuchten Lappen abzuwischen. Mobile und noch gut tragbare Kübelpflanzen bringt man ins Badezimmer, um sie in der Wanne oder Dusche abzubrausen. Doch Achtung: Verwenden Sie hierfür auf keinen Fall eiskaltes, sondern temperiertes Wasser von rund 18°C. Sonst kann es bei empfindlichen, tropischen Arten zu einem regelrechten Kälteschock kommen, in dessen Folge die Pflanzen eingehen. Positiver Nebeneffekt dieser regelmäßigen Dusche ist die Eindämmung von Schädlingen, die gleich mit abgeduscht werden. Haben Sie Ihre Pflanzen dagegen in Grundbeete gesetzt, wird man den Staub los, indem man die Kronen beim Gießen regelmäßig überbraust.

Schöne Blätter und überraschende Blüten

3 Zimmerlinde
(Sparmannia africana)

Für die Kultur im Zimmer sind diese sommer- bis immergrünen Großsträucher eigentlich zu schade. Denn aus Platzmangel können sich ihre Kronen hier nicht voll entfalten. Im Wintergarten ist das anders und so kann man sich hier über besonders viele der weißen Blüten mit den gelb-roten Staubblättern im Spätwinter und Frühjahr freuen. **Pflege:** Die weich behaarten Blätter der Lindengewächse haben keinen guten Verdunstungsschutz und brauchen daher laufenden Wassernachschub. Nach der Blüte kann man die Triebe kräftig einkürzen. **Gesundheit:** Unter-Glas-Schädlinge wie Weiße Fliege und Spinnmilbe. **Verwendung:** Bei regelmäßigem Schnitt mannshohe Sträucher für den grünen Rahmen im Hintergrund eines Wintergartens.

4 Aralien
(Schefflera, Fatsia)

Fünffingrige Blätter sind das Markenzeichen dieser beiden Gattungen, die zu den Araliengewächsen zählen. Sie bilden zumeist grundständige Triebe, die aus dem Wurzelwerk sprießen und sich nicht verzweigen. Auf diese Weise entwickeln sich raumgreifende Horste von Mannshöhe mit hübschen weiß-gelben Altersblüten. **Pflege:** Während *Fatsia* sogar mit frostigen Temperaturen zurecht kommt, fühlen sich *Schefflera*-Arten im dauerwarmem Wintergarten wohl. Der Wasser- und Düngerbedarf ist mäßig bis gering. **Gesundheit:** Bei geringer Luftfeuchte durch Heizungsluft und im Sommer auf Spinnmilben achten. **Verwendung:** Buntlaubige *Schefflera*-Sorten bringen Farbe ins Spiel. Schöne Hintergrundpflanzen.

5 Elefantenohr
(Alocasia macrorrhiza)

Die Blätter dieser Stauden können gut und gerne einen Quadratmeter Fläche messen. Sie entspringen aus dicken Wurzeln (Rhizome). Ihre Stiele enthalten reichlich Wasser. Trotz ihre Größe brauchen die Blätter keine Stützen, denn die Stiele und Spreiten sind sehr stabil. Die Blüten ähneln denen des Aronstabs und duften vorzüglich. **Pflege:** Der Standort sollte sehr hell, aber absonnig sein. Sonst bekommen die Blätter einen Sonnenbrand mit braunen Flecken. Im Halbschatten ist der Wasserbedarf mäßig. Gedüngt wird mäßig. **Gesundheit:** Bei trockener Luft sind Spinnmilben häufig. Sehen Sie regelmäßig auf den Blattunterseiten nach, wo der Befall beginnt. **Verwendung:** Imposante Einzelpflanze, die viel Platz beansprucht.

Gummibäume: *Herrscher der Tropen*

Die Gattung *Ficus* umfasst mehr als 700 Arten, die in den Tropengebieten der ganzen Welt beheimatet oder durch den Menschen verbreitet worden sind. Denn viele von ihnen haben neben ihrem Zierwert durch die Blätter einen hohen Nutzwert. So wird der Saft des Gummibaums (*Ficus elastica*), der für die Gattung namensgebend ist, zur Kautschuk-Gewinnung verwendet.

Kraftvoller Wuchs

Die meisten *Ficus*-Arten wachsen in ihrer Heimat zu stattlichen Bäumen heran, bei uns im Wintergarten werden sie durch regelmäßigen Schnitt zumeist als kompakte Büsche, Halb- oder Hochstämme gehalten. Daneben gibt es kletternde oder kriechende Arten. Eine besondere Wuchsform hat die Würgefeige (*Ficus benghalensis*) gewählt. Sie keimt zunächst auf dem Ast eines Urwaldbaumes und schickt ihre Wurzeln bis zum Boden herab. Hier fasst sie Fuß und verdickt ihre Stelzen zu kräftigen Stämmen, die den Wirtsbaum umklammern und schließlich erwürgen.

Üppiger Blattschmuck

Die Blüten und Früchte der meisten Feigenbäume sind eher unattraktiv und unscheinbar. Sie sind krugförmig und zumeist in gedeckten Farben wie Braun, Ocker oder tiefem Orangegelb gehalten. Für die Tierwelt in ihrer Heimat (z.B. Affen, Vögel) sind sie ein wichtiges Nahrungsmittel, für uns Menschen jedoch ungenieß-

Kleinblättrige Gummibäume

Name	Blatt	Wuchs
Ficus deltoidea	spatelförmig; matt	schlank aufrecht
Ficus benjamina	oval-spitz, glänzend	dichtkronig
Ficus microcarpa	oval-spitz	überhängend
Ficus opposita	Oberfläche rau, matt	dichtkronig
Ficus nitida	oval-spitz	dichtkronig

Großblättrige Gummibäume

Ficus binnendijkii	sehr schmal u. lang	kleinkronig
Ficus elastica	ledrig, glänzend	Kronen kegelförmig
Ficus lyrata	verkehrt eiförmig	breitkronig
Ficus macrophylla	ledrig, glänzend	Kronen kegelförmig
Ficus religiosa	dreieckig, spitz	lockerkronig
Ficus rubiginosa	unterseits rostfarben	überhängend

SPECIAL: GUMMIBÄUME **133**

bar. Ausnahme bildet die Feige (*Ficus carica*, Seite 40), die im kalten Wintergarten gehalten wird. Der eigentliche Schmuck der meisten *Ficus*-Arten besteht in ihren Blättern, die auffällig glänzen oder durch vertiefte Blattnerven sehr bewegt wirken. Durch züchterische Selektion sind Sorten mit buntem Laub entstanden (siehe Tabelle unten).

Einfach pflegeleicht

Feigen aller Art sind sehr einfach zu pflegen, da sie ausgesprochen anpassungsfähig sind. Unregelmäßige Wasser- oder Düngergaben gleichen sie mit Reservedepots in ihren oft derben, dickfleischigen Blättern aus. Die Tropenpflanzen lieben diffuse Lichtverhältnisse, wie sie im Regenwald vorherrschen. Direkte Sonne kann die Blätter verbrennen und unregelmäßige, braune Flecken hinterlassen. Vermeiden Sie Standortwechsel. Vor allem die Birkenfeige (*Ficus benjamina*) reagiert darauf mit massivem Blattfall, der zwar durch neue Triebe rasch ausgeglichen wird, die Kronen aber über viele Wochen „räudig" aussehen lässt. Lästig können Läuse, vor allem Schildläuse werden, die sich an dem milchigen Pflanzensaft laben. Kontrollieren Sie die Pflanzen deshalb regelmäßig, bevor sie Nachbarpflanzen anstecken.

Ficus binnendijkii ergießt seine schmalen Blätter wie ein Wasserfall über die Kronen.

Wussten Sie...

..., dass Birkenfeigen keine Standortwechsel mögen? Bei veränderten Lichtverhältnissen werfen sie zunächst sehr viele Blätter ab, belauben sich aber rasch wieder neu. Auch zu Beginn des Winters sind Laubverluste ganz normal.

TIPP

Buntblättrige Gummibäume

Name	Blatt	Wuchs
Ficus aspera 'Parcellii'	groß, weiß gefleckt	buschig
Ficus pumila 'Variegata'	klein, weiß gerandet	kletternd, kriechend, hängend
Ficus benjamina 'Golden King'	mittelgroß, gelb gerandet	buschig
Ficus benjamina 'Curly'	mittelgroß, gewellt, gelb	buschig
Ficus benjamina 'Starlight'	mittelgroß, weiß gefleckt	buschig
Ficus elastica 'Tineke'	groß, gelb-weiß gerandet	aufrecht, eintriebig
Ficus pumila 'White Sunny'	klein; weiß gerandet	kriechend, kletternd, hängend

Kletternde oder kriechende Gummibäume

Name	Blatt	Wuchs
Ficus benghalensis	groß, glänzend	lange Luftwurzeln
Ficus pumila	sehr klein, hellgrün	windend, hängend
Ficus sagittata	klein, länglich	windend, hängend

Palmen fürs Warme

Palmen sind ebenso eng mit unserem Bild von den Tropen und romantischen Karibikstränden verbunden wie mit den Wüstenoasen (Seite 72) dieser Welt. Im Gegensatz zu denjenigen Palmen, die in den trocken-heißen Gebieten der Erde beheimatet sind, lieben tropische Arten luftfeuchte, absonnige und dauerwarme Bedingungen. Sie verlangen bei weitem nicht die Sonneneinstrahlung wie die Palmen-Arten, die uns aus dem Mittelmeerraum vertraut sind. Tropen-Palmen erleiden bei direkter Sonneneinstrahlung sogar Blattverbrennungen. Nichtsdestotrotz brauchen auch sie Licht! Es sollte gedämpft oder diffus sein, zum Beispiel indem es durch die Kronen anderer Wintergartenpflanzen gestreut wird. Wahre Schattenkünstler sind die Stecken-Palmen (*Rhapis*), die mit einem Minimum an Licht auskommen. Die Erde sollte humusreich und konstant leicht feucht sein. Nährstoffe beanspruchen Tropen-Palmen nicht mehr als andere Wintergarten-Pflanzen. Schließlich sind sie aus ihrer Heimat sehr karge Böden gewohnt.

Nutz- und Zierwert kombiniert

Hierzulande kultiviert man tropische Palmen vor allem wegen ihres Zierwerts, obwohl sie unter Glas durchaus auch in unserem Klima Blüten und Früchte ansetzen. Die Blüten sind zumeist gelb, die Früchte bräunlich, orange- oder ockerfarben. Sind sie überreif, entwickeln viele einen strengen Geruch nach ranziger Butter. Wer die Samen aussäen möchte, braucht etwas Geduld. Bei Bodentemperaturen über 22°C kann es Monate, ja sogar ein bis zwei Jahre dauern, bis sie keimen. Die

Fächerpalmen

Deutscher Name	Botanischer Name	Merkmale
Kohl-Palme	*Livistona chinensis*	Blattspitzen herabhängend
Strahlen-Palme	*Licuala grandis*	Wedel steif, fast rund
Talipot-Palme	*Corypha umbraculifera*	Wedel riesig, rund
Latania-Palme	*Latania lontaroides*	Wedel sehr fest, stechend
Wachs-Palme	*Copernicia macroglossa*	Wedel kreisrund
Palmyra-Palme	*Borassus flabellifer*	Wedel „eingeklappt", dornig
Bismarck-Palme	*Bismarckia nobilis*	Wedel rötlich
Stecken-Palme	*Rhapis excelsa*	Wedel 40 cm im Durchmesser

Früchte sind zum Teil sehr ölreich. Deshalb werden beispielsweise **Öl-Palmen** (*Elaeis guineensis*) in riesigen Plantagen angebaut. Das ausgepresste Palm-Öl wird zum Kochen oder roh, z.B. als Brotaufstrich, verwendet; hierzulande jedoch kaum. Auch die **Kokos-Palme** (*Cocos nucifera*) ist ein wichtiger Öl-Lieferant. Das weiße Nährgewebe in den Nüssen, das wir auch als Kokosflocken oder -raspeln kennen, enthält bis zu 70 % Öl und ist eine beliebte Backzutat. Die Samen der **Betel-Palme** (*Areca catechu*) sind ein Genussmittel. Sie werden zusammen mit Gewürzen intensiv durchgekaut, wodurch sich der Mundraum rot färbt und ein pflanzliches Narkotikum frei wird. Die **Sago-Palme** (*Metroxylon sago*)

Lichtstrahlen, die durch Palmenwedel fallen, werden hundertfach aufgefächert und zeigen ein facettenreiches Licht- und Schattenspiel.

TIPP

Wussten Sie...

..., dass braune Blattspitzen an Palmen im Winter keine Seltenheit sind? Sie sind eine Reaktion auf eine zu geringe Luftfeuchte. Schneidet man die trockenen Spitzen ab, sollte man nicht bis ins gesunde Gewebe zurückschneiden, da es nachtrocknen würde. Man lässt einen schmalen, braunen Rand stehen.

wird gerodet, damit man an das stärkereiche Stammgewebe gelangt. Das gewonnene Perl-Sago diente lange als Grundnahrungsmittel. Heute sind die Palmen selten geworden. Eine der kuriosesten Palmen-Gruppen sind die **Rotang-Palmen** (*Calamus*). Sie entwickeln bis zu mehrere hundert Meter (!) lange, dünne Triebe, mit denen sie in das Kronendach der Regenwälder hinaufwachsen. Erst wenn ihre Triebe das Sonnenlicht erreichen, entfalten sie ihr palmentypisches Blattwerk. Aus den langen Ranken werden die beliebten Rattan-Möbel geflochten, die auch gut zum Einrichtungsstil des palmenbestandenen, warmen Wintergartens passen.

Fiederpalmen

Deutscher Name	Botanischer Name	Merkmale
Kokos-Palme	*Cocos nucifera*	Wedel anfangs ganzrandig, später fiederteilig
Betel-Palme	*Areca catechu*	Wedel unregelmäßig, zerzaust wirkend
Flaschen-Palme	*Hyophorbe lagenicaulis*	auffällig verdickter Stamm
Rotstiel-Palme	*Cyrtostachys renda*	auffällig rote Wedelscheiden
Fischschwanz-Palme	*Caryota mitis*	Wedel mit schief-dreieckigen Fiedern
Berg-Palme	*Chamaedorea elegans*	hellgrün, elegant überhängend
Goldblatt-Palme	*Chrysalidocarpus lutescens*	Wedel grün, in der Sonne gelb überlaufen
Feuer-/Herrscher-Palme	*Archontophoenix cunninghamiana*	Fiedern mit Fasern geschmückt
Kentia-Palme	*Howeia forsteriana*	elegant übergeneigte Fiedern
Kokos-Pälmchen	*Microcoelum weddelianum*	sehr schmale Fiedern, graziler Wuchs
Euterpe-Palme	*Euterpe edulis*	wächst meist mehrstämmig
Dreiecks-Palme	*Dypsis decaryi*	Stamm dreieckig, Wedel graugrün
Weißstamm-Palme	*Ravena ricualaris*	aufrechte, an den Spitzen hängende Wedel
Königin-Palme	*Sygrus romanzoffiana*	anfangs kokospalmen-ähnliche Wedel
Zwerg-Dattelpalme	*Phoenix roebelenii*	Fiedern u. Wedel sehr schmal, graziler Wuchs

Ein Schwertfarn (Nephrolepsis) nimmt einen Quadratmeter ein.   *Elegant: Kentia-Palme (Howeia).*

Weniger ist oft mehr: **Solitärs** im Wintergarten

Vor allem für
Singles und
ältere Men-
schen, die auf
Pflegeleichtig-
keit wert legen,
sind wenige
Pflanzen ideal.

Tropische Wintergärten verleiten dazu, eine wahre „Dschungel-Landschaft" nachzubilden, die jedoch einigen Pflegeaufwand erfordert. Wer es nur „ein bisschen
Grün" haben möchte, setzt auf Einzelpflanzen, Solitärs genannt. Eine Reduktion
auf wenige Arten bringt jedoch die Notwendigkeit mit sich, große, formschöne
Pflanzen zu wählen, sonst wirkt Ihr Wintergarten eher wie ein „Sammelsurium"
und nicht wie ein ansprechend gestalteter Aufenthaltsraum. Jeder Solitär sollte
Platz zur freien Entfaltung haben. Die Kronen benachbarter Pflanzen sollten sich
nicht berühren. Fehlt hierfür der Platz, kann man bestimmte Arten auf Säulen oder
Podeste stellen. Andere bleiben auf dem Fußboden. Durch die Höhenstaffelung
gelingt es, auch Raum zehrende Kronen dicht nebeneinander zu präsentieren.

Der goldene Mittelweg

Beim Kauf neuer Gäste für den Wintergarten stellt sich immer wieder die Frage
nach der richtigen Pflanzengröße. Zwar locken junge Pflanzen mit günstigen Preisen, doch sie haben bei Pflegefehlern nicht viel Widerstand entgegenzusetzen, da
sie nicht über viele Reservestoffe verfügen. Ein kleiner Schaden hat hier große Aus-
wirkungen und kann zum Verlust der Pflanze führen. Große Exemplare versprechen dagegen eine sofortige, perfekte Wirkung, haben aber ihren Preis. Obwohl sie
anfängliche Pflegefehler besser wegstecken können als Jungpflanzen, sind sie trä-

Pflanzen wachsen und verändern sich. Achten Sie deshalb beim Kauf weniger auf eine schöne Form, als auf Gesundheit und Kraft.

ger bei der Eingewöhnung an den neuen Standort. Man sagt nicht umsonst: einen alten Baum soll man nicht mehr versetzen. Ähnliches gilt auch für alte Topfpflanzen. Sie haben es oftmals schwer, sich an eine neue Umgebung zu gewöhnen. Zumindest brauchen sie einige Monate dazu, während derer man sehr sorgfältig auf die richtige Pflege achten sollte. Der goldene Mittelweg ist ideal! Wählen Sie weder eine ganz junge, noch eine ganz alte Pflanze. Exemplare mit einem Alter über drei und unter sieben Jahren sind am flexibelsten, bei langsamwüchsigen Arten liegen die Werte zwischen fünf und zehn Jahren. Die Preise sind erschwinglich – wenn auch nicht am niedrigsten – und die Erfolgsaussichten hoch.

Die passenden Fußkleider

Zu schmucken Einzelpflanzen gehören ebenso sorgfältig ausgesuchte Pflanzgefäße. Besonders wichtig ist die richtige Proportion. Ein zu kleiner Topf lässt eine Pflanze übermächtig wirken, ein zu großer erdrückt sie optisch. Farbton und Muster sollten die Schönheit der Pflanze unterstreichen und nicht von ihr ablenken. Bei Podesten ist es ideal, wenn sie mit den Pflanzgefäßen eine Einheit bilden.

Auf einer Säule kommen kurzstämmige Palmen gut zur Geltung. Rechts daneben steht ein Palmfarn (Cycas).

Tropenfrüchte aus eigener Ernte

Blüten- und Fruchtstand einer Banane (Musa).

Während der Weihnachtszeit werden exotische Früchte aus aller Welt verstärkt in den Obstregalen angeboten: von Cherimoya über Papaya und Mango bis hin zu Avocado, Litschi oder Banane. Doch an welchen Pflanzen sie he-ranreifen, bleibt uns Europäern meist verborgen, sofern wir nicht die Herkunftsgebiete dieser Pflanzen bereisen. Die Alternative besteht darin, sich die Pflanzen nach Hause zu holen – in den warmen Wintergarten.

Erntezeit das ganze Jahr

Viele exotische Obstgehölze stammen aus tropischen Arealen, in denen es keine ausgeprägten Jahreszeiten gibt. Deshalb können sie theoretisch das ganze Jahr über Blüten oder Früchte ansetzen. Da in Mitteleuropa die Wintermonate jedoch lichtarm sind, wird sich ihre Reproduktion zumeist auf die Sommermonate konzentrieren, wenn Licht und Wärme ausreichen, um die Früchte bis zur Vollreife zu versorgen.

Erntereif sind die tropischen Leckerbissen immer dann, wenn ihre Schalen kräftig gefärbt sind und auf Druck ein wenig nachgeben. Zudem sollten sie sich leicht abdrehen lassen. Sitzen die Fruchtstiele dagegen noch sehr fest, wartet man lieber noch ein paar Tage. Pflücken Sie nicht alles in einem Durchgang, sondern nur diejenigen Einzelstücke, die vollreif sind. Sie sollten die einmalige Chance nutzen, am Baum ausgereiftes Obst zu ernten, das sein volles Aroma entwickeln kann. Gekaufte Früchte wie die Bananen werden zumeist weit vor ihrem optimalen Erntezeitpunkt gepflückt und verfrachtet. Sie reifen während des Transports aus, was sich zwar auf die Schalenfärbung, aber nicht auf den Geschmack positiv auswirkt.

Litschifrüchte kennt man meist nur aus der Dose – ernten Sie die Leckereien doch mal frisch vom Baum!

Bekannte Gewürze

Warme Wintergärten ermöglichen es ebenso, bekannte Gewürzpflanzen zu kultivieren. Der **Pfeffer** (*Piper nigrum*) ist ein wüchsiger Kletterer, der sich mit Haftwurzeln festhält. Seine Früchte enthalten das scharf schmeckende Piperin. **Vanilleschoten** sind die Fruchtschoten einer Orchidee: *Vanilla planifolia*. Auch sie klettern, indem sich ihre Sprossen um Baumstämme oder Kletterhilfen winden. Die Blätter sind ledrig und dick, die Blüten klein und grünlich-weiß, aber süß duftend. **Zimt** entsteht durch das Schälen und Trocknen der Rinde verschiedener *Cinnamomum*-Arten (z.B. *C. aromaticum, C. verum*), die unter Glas zu kleinen Bäumen heranwachsen. Nelken gewinnt man aus den Blütenknospen des Nelkenbaums (*Syzygium aromaticum*). Das **Nelkenöl** wird aus seinen Blättern extrahiert. Er zählt zu den Myrtengewächsen, attraktiven Großsträucher oder kleinen Bäume für den Wintergarten, die sich durch Schnitt jederzeit in Form halten lassen. Auch andere Vertreter der Gattung *Syzygium* halten Leckerbissen für uns bereit. Der **Rosenapfel** (*Syzygium jambos*) trägt rosarote, kirschgroße, birnenförmige Früchte mit süßlichem Aroma. Die **Surinamkirsche** (*Syzygium uniflora*; auch: *Eugenia uniflora*) trägt kirschenähnliche, feuerrote Früchte mit herb-säuerlichem Geschmack.

Exoten aus dem Samenkorn

Wer exotische Früchte kauft und verzehrt, wird das Kribbeln rasch in den Fingern spüren, die darin enthaltenen Samen auszusäen. Die Keimerfolge sind dabei meist durchaus beachtlich. Die dicken Avocado-Kerne (*Persea americana*) spalten sich und lassen in ihrer Mitte einen Trieb sprießen. Litschi-Samen spitzen oft schon nach zehn Tagen aus der Erde. Die jungen Blätter zehren zunächst aus dem Energievor-

Bananen: Weltweit beliebt

Bananen sind keine Bäume, sondern Stauden, die nicht verholzen. Ihre „Stämme" bestehen aus dicht geschlossenen Blattscheiden. Sie werden weltweit ihrer Früchte wegen angebaut, die botanisch gesehen zu den „Beeren" zählen. Hierfür wird zumeist die **Essbanane** (*Musa × paradisiaca*) verwendet, die mehrstämmig heranwächst und laufend Ableger bildet. An ihrer Entstehung waren vermutlich *M. acuminata* und *M. balbisiana* beteiligt. Die riesigen, überhängenden, roten Blüten werden von Vögeln oder Fledermäusen bestäubt. Aus ihnen reifen Obst- oder Mehlfrüchte heran. Während wir in Europa meist nur Obstbananen kaufen, haben die stärkereichen Kochbananen in den Tropen eine große Bedeutung. Sie werden gegart, zerstampft und als Grundnahrungsmittel verzehrt. Sind die zu mehreren zusammenstehenden Früchte reif, stirbt der „Stamm" ab, der sie hervorgebracht hat. Diejenigen, die noch nicht geblüht haben, bleiben erhalten. Der **Manilahanf** (*Musa textilis*) wird zur Gewinnung stabiler Fasern angebaut, ebenso die **Japanische Faser-Banane** (*Musa basjoo*). Sie stammt aus Japan und verträgt Frost. Man kann sie in wintermilden Lagen sogar im Garten auspflanzen oder im kalten und temperierten Wintergärten halten. Unter Glas bleiben Bananen schöner als im Freien, wo der Wind ihre großen Wedel vielfach einreißt und sie zerfleddert aussehen.

Im warmen Wintergarten schätzt man die wärmebedürftigen, tropischen Bananen vor allem aufgrund ihrer dekorativen Blätter. Dass sie im Alter auch hierzulande durchaus blühen und fruchten, ist dann wie eine „Belohnung" für die lange Hege und Pflege. Am häufigsten findet man die **Zier-Banane** (*Ensete ventricosum*), deren Wurzeln und Blattscheiden sehr stärkereich und essbar sind. Die Sorte 'Maurelii' schmückt ihre meterlangen Blätter mit diversen Rot- und Violetttönen. Sie wächst zumeist einstämmig und bildet nur selten Ableger.

rat, den ihnen die Samen mit auf den Weg geben. Ist er aufgebraucht, folgt eine schwierige Umstellungsphase, bei der die Pflänzchen lernen müssen, auf eigenen Füßen – pardon: Wurzeln – zu stehen. In dieser Zeit sterben viele aus scheinbar unerfindlichen Gründen ab, denn an der Pflege hat man nichts verändert. Besonders wichtig ist bei den genannten Arten eine konstant hohe Luftfeuchte, sonst werden die Blattspitzen braun und trocknen ein.

Gemüse der etwas anderen Art

Reizvoll ist obendrein die Kultur ungewöhnlicher Gemüsearten unter Glas. Hierzu zählt die **Birnenmelone** oder **Pepino** (*Solanum muricatum*). Die mehrjährigen, kleinen Sträucher tragen jeden Sommer ihre gelblich-orangefarbenen, unregelmäßig dunkel gestreiften, bis zu 15 cm großen Früchte, deren Fruchtfleisch ähnlich Honigmelonen, aber saftiger schmeckt. Für die **Baumtomate** (*Cyphomandra betacea*) mit ihren gut und gerne 3 m Höhe sollten Sie für die Ernte der exotischen Früchte eine Leiter in der Nähe bereit halten! Dabei sind die Pflanzen meist eintriebig und beanspruchen daher nur wenig Grundfläche. Die den Tomaten ähnlichen Früchte schmecken süß-säuerlich mit sehr kräftigem Aroma, die Blüten duften intensiv! Die **Okra** (*Abelmoschus esculentus*) ist ein Gemüse, das nur langsam unsere Küchen erobert. Der Geschmack ihrer vitaminreichen, wollig behaarten Schoten ist leicht bitter. Sie werden vorwiegend gegart zubereitet.

Ganz schöne Früchtchen

1 Mango
(Mangifera indica)

Diese immergrünen, tropischen Fruchtpflanzen sind mit ihren glänzenden Blättern, die im Jugendstadium rötlich sind, auch ohne Früchte schon attraktiv. Bis sich die ersten Blüten zeigen, braucht man etwas Geduld. 7 bis 8 Jahre muss die Pflanze schon alt sein, um genügend Kraft zur Versorgung der rotschaligen, honigmelonengroßen Früchte zu haben. Ein Bestäubungspartner ist nicht notwendig.
Pflege: Unter Glas entwickeln sich Mangos meist buschförmig. Die Erde sollte stets leicht feucht, aber nicht über längere Zeit nass sein. Mäßiger Nährstoffbedarf.
Gesundheit: Schädlinge finden zumeist andere Opfer.
Verwendung: Die Kronen brauchen sich nicht zu verstecken und dürfen gerne im Blickfeld stehen.

2 Rahmapfel
(Annona cherimola)

Diese delikaten Früchte sind im Obsthandel so gut wie nicht erhältlich, da ihre grüngelben, wie geschuppt wirkenden Schalen sehr druckempfindlich sind. Das Fruchtfleisch schmeckt sahnig-cremig und sehr süß mit einer guten Portion Säure – eine fantastische Mischung. Achten Sie auf veredelte Pflanzen, die eine hohe Fruchtqualität garantieren (Sortenechtheit).
Pflege: Die samtweich behaarten Blätter sind recht robust und mit einer konstanten Wasser- und Düngerversorgung auf mittlerem Niveau zufrieden. Wie bei unseren heimischen Obstbäumen fördert ein regelmäßiger Schnitt den baldigen Fruchtansatz.
Gesundheit: Schädlinge sind selten.
Verwendung: Feinschmecker müssen Rahmäpfel einfach versuchen.

3 Weiße Sapote
(Casimiroa edulis)

Aus Mexiko stammen diese Fruchtbäume, die bis in die Hochlagen der Anden angebaut werden können. Auf die lieblich duftenden, cremefarbenen bis grünlich-gelben Blüten folgen orangengroße Früchte. Ihr süßlich-bitteres Fruchtfleisch genießt man am besten frisch. Die Zitrusverwandten blühen und fruchten veredelt deutlich früher als Sämlinge. Im Geschmack sehr ähnlich ist die Schwarze Sapote (*Diospyros digyna*), auch Schwarze Persimone genannt, deren Fruchtschalen zur Vollreife fast schwarz sind. Temperaturminimum: 15°C.
Pflege: Eine ganzjährig konstante Wasser- und Düngerversorgung begünstigt die Fruchtreife.
Gesundheit: Pflegeleicht.
Verwendung: Lockerkronige Bäume mit mäßigem Platzbedarf.

Leckere Wurzeln, tolle Knollen

Maniok (*Manihot esculenta*) entwickelt schlanke, schwarzrindige Triebe mit großen, gefingerten Blättern, die ein attraktiver Schmuck für warme Wintergärten sind. Seine Wurzelknollen erreichen 20 bis 30 cm Länge und ein Gewicht von 2 bis 3 kg. Sie sind sehr stärkereich und zählen zu den den „Top Ten" der Grundnahrungsmittel weltweit. Sie müssen vor dem Verzehr wie Kartoffeln gekocht werden, damit die in ihnen enthaltenen Giftstoffe zerstört werden. Hierzulande angebotene Maniokwurzeln sind zumeist mit einer Wachsschicht umhüllt, damit die Knollen während des wochenlangen Schifftransports nicht treiben. Diese Hülle lässt sich nur durch eine warmes Wasserbad entfernen.

Süßkartoffeln (*Ipomoea batatas*) findet man regelmäßig im Gemüsehandel angeboten. Die rotschaligen, variabel geformten Knollen treiben willig aus, wenn man sie einpflanzt oder wie eine Hyazinthenzwiebel über einem Wasserglas antreibt. Die Triebe sind sehr standschwach und benötigen Stützen, ähnlich einer Kletterpflanze. Die Knollen werden gegart verzehrt, die gemäß ihres Namens kartoffelähnlich mit süßlicher Note schmecken. Die eiweißreichen Blätter lassen sich wie Spinat zubereiten.

Taro-Wurzeln (*Colocasia esculenta*) können stattliche Dimensionen erreichen und mehrere Kilogramm schwer werden. Auch die dazugehörigen Pflanzen sind gigantisch. Als nahe Verwandte des Elefantenohrs (*Alocasia macrorrhiza*, Seite 131) entwickeln sie Blätter mit bis zu 70 cm durchmessenden Spreiten. Wassertropfen perlen auf ihnen wie von der Lotus-Pflanze im Ganzen ab (Lotus-Effekt). Die Knollen werden ausschließlich gekocht verzehrt.

Hinter den bekannten **Yamswurzeln** (*Dioscorea*) versteckt sich eine große Pflanzengattung, von denen etwa 50 Arten Ihrer Wurzeln wegen in aller Welt in Kultur genommen wurden. Es handelt sich zumeist um Kletterpflanzen, seltener um Stauden mit herzförmigen Blättern, die ihre Wurzeln oder Triebbasen als Energiespeicher für karge Trockenzeiten nutzen. Der Mensch macht sich ihren Stärkereichtum zunutze, indem er die Knollen ausgräbt und kocht, um die enthaltenen Giftstoffe unschädlich zu machen.

Ingwer-Wurzeln (*Zingiber officinale*) findet man in jedem Asia-Laden angeboten. Damit sie austreiben, legt man sie flach in Erde und überdeckt sie höchstens 5 mm mit Substrat. Bis sie treiben, können Monate vergehen, doch sie sprossen mit nahezu hundertprozentiger Sicherheit. Mit dem Gedeihen der Pflanzen vergrößert sich auch das Wurzelwerk und nach drei bis vier Jahren können Sie frische Ingwerwurzeln für asiatische Pfannengerichte aus dem eigenen Wintergarten ernten (Seite 123).

Bambus-Sprosse (Bambusoideae) sind die jungen Triebspitzen verschiedener Bambus-Gattungen und -Arten (Seite 70). Sie werden geerntet, sobald sie eine Handbreit aus dem Boden ragen, dann gekocht.

Beliebte Nutzpflanzen selbst kultivieren

4

5

4 Echter Kaffee
(Coffea arabica)

Das Warten auf die ersten weißen, süß duftenden Blüten fällt nicht schwer. Denn Kaffeepflanzen sind von erster Stunde an attraktive Blattschmuckpflanzen, deren tiefgrünes Laub glänzt und selbst schattige Ecken zum Leuchten bringt. In den roten Früchten befinden sich zumeist zwei der gefurchten Samen, die wir geröstet als „Kaffeebohnen" kennen.
Pflege: Da die Kronen sehr kompakt und dicht belaubt sind, verbrauchen sie schon einige Liter Wasser pro Woche und jede Woche eine Portion Sofortdünger. Ein Rückschnitt ist jederzeit möglich, aber zumeist nicht nötig.
Gesundheit: Achtung, Schildläuse!
Verwendung: Es ist spannend für Jung und Alt, diese bekannte Nutzpflanze einmal selbst zu kultivieren.

5 Papaya, Bergpapaya
(Carica papaya, C. pentagona)

Von diesen einstämmigen Fruchtpflanzen kann man oft schon im zweiten oder dritten Jahr die ersten Früchte mit dem orangegelben Fruchtfleisch ernten. Die Blüten sitzen unterhalb der markanten Blattschöpfe an schlanken, zumeist unverzweigten Stämmen. Im Gegensatz zur selbststerilen Papaya setzt die Bergpapaya, auch Babaco genannt, ohne Bestäubungspartner sicher Früchte an.
Pflege: Der Wasser- und Nährstoffbedarf ist mäßig, der Standort sollte hell oder sonnig sein – umso süßer werden die Früchte. Sie sind reif, sobald sich die Schale verfärbt und druckempfindlich wird.
Gesundheit: Spinnmilben zählen zu den häufigsten Schädlingen.
Verwendung: Schlanke, markante Baumkronen mit Fruchtgarantie.

Die besten Wintergartenpflanzen

Name	Blütenfarbe Blütezeit	Wuchsform	Besonderheit	Pflege-aufwand	Standort	Optimal- u. Minimaltemperatur
Akazie *Acacia dealbata*	gelb Spätwinter	Baum	Blüte, Duft	mäßig	K, T: ○	+8 (+/-5)°C -5°C
Brasilianische Guave *Acca sellowiana*	rot-weiß Frühling	Großstrauch	Blüte, Frucht	gering	K, T: ○	+10 (+/-8)°C -8°C
Kiwi *Actinidia deliciosa*	gelblich Frühling	Kletterpflanze	Obst	mäßig	K: ○	+5 (+/-5)°C -15°C
Schmucklilie *Agapanthus*	blau, weiß Sommer	Staude	Blüte	gering	K, T: ○	+8 (+/-5)°C -5°C
Agave *Agave americana*	weiß Sommer	Sukkulente	Blattschmuck	gering	K, T: ○	+8 (+/-8)°C -8°C
Seidenbaum *Albizia julibrissin*	rosa Sommer	Baum	Blüte, Blattschmuck	mäßig	K, T: ○	+5 (+/-5)°C -15°C
Goldtrompete *Allamanda cathartica*	gelb So. und He.	Strauch	Blüte	hoch	T, W: ○ bis ◐	+15 (+/-5)°C 0°C
Elefantenohr *Alocasia macrorrhiza*	weiß, Sommer	Staude	Blattschmuck	mäßig	T, W: ◐ bis ●	+15 (+/-5)°C 0°C
Echte Aloe *Aloe vera*	gelb-orange Spätwinter	Sukkulente	Blattschmuck	gering	T, W: ○	+15 (+/-5)°C 0 °C
Zitronenstrauch *Aloysia triphylla*	weiß Frühl. u. So.	Strauch	Duft	mäßig	K, T: ○	+5 (+/-5)°C -5°C
Blauer Hibiskus *Alyogyne huegelii*	blau Frühl./So.	Staude	Blüte	hoch	K, T: ○	+8 (+/-5)°C -5°C
Kängurupfötchen *Anigozanthus flavidus*	divers Sommer	Staude	Blüte	gering	T: ○	+10 (+/-5)°C 0°C
Rahmapfel *Annona cherimola*	weiß-gelb Frühling	Baum	Obst	mäßig	T, W: ○	+10 (+/-5)°C 0°C
Andentanne *Araucaria araucana*	– –	Baum	Blattschmuck	gering	K, T, W: ○ bis ◐	+5 (+/-5)°C -10°C
Erdbeerbaum *Arbutus unedo*	weiß Herbst	Großstrauch	Blüte, Frucht	mäßig	K: ○ bis ◐	+5 (+/-5)°C -10°C
Pfeifenblume *Aristolochia*	braun Sommer	Kletterpflanze	Blüte	mäßig	T, W: ○	+15 (+/-5)°C 0°C
Seidenpflanze *Asclepias curassavica*	gelb-rot ganzjährig	Strauch	Blüte	hoch	T: ○	+12 (+/-5)°C 0°C
Banksien *Banksia*	divers Spätwinter	Strauch	Blüte	mäßig	T: ○	+10 (+/-5)°C 0°C
Orchideenbaum *Bauhinia*	rosa Frühling	Baum	Blüte	mäßig	W: ○	+12 (+/-5)°C 0°C
Bougainvillea *Bougainvillea*-Hybriden	divers ganzjährig	Kletterpflanze	Blüte	mäßig	T: ○	+15 (+/-5)°C 0°C
Flaschenbaum *Brachychiton*	divers Frühling	Baum	Blüte, Wuchs	gering	T, W: ○	+10 (+/-8)°C 0°C
Blaue Hesperidenpalme *Brahea armata*	– –	Palme	Blattschmuck	gering	K, T: ○	+5 (+/-5)°C -5°C
Geleepalme *Butia capitata*	– –	Palme	Blattschmuck	gering	K, T: ○	+5 (+/-5)°C -10°C
Paradiesvogelbusch *Caesalpinia gilliesii*	gelb-rot Sommer	Strauch	Blüte	mäßig	K, T: ○	+5 (+/-5)°C -8°C
Puderquastenstrauch *Calliandra*	divers Frühl. bis He.	Großstrauch	Blüte	mäßig	T, W: ○	+12 (+/-5)°C 0°C

Name	Blütenfarbe Blütezeit	Wuchsform	Besonderheit	Pflege- aufwand	Standort	Optimal- u. Mini- maltemperatur
Zylinderputzer *Callistemon*	divers Frühl./So.	Großstrauch	Blüte	mäßig	K, T: ○	+8 (+/-5)°C -5°C
Kamelien-Hybriden *Camellia*	divers Spätwinter	(Groß-)strauch	Blüte	mäßig	K, T: ◐ bis ●	+5 (+/-5)°C je nach Art/Sorte
Trompetenblume *Campsis radicans*	rot Sommer	Kletterpflanze	Blüte	mäßig	K: ○	+5 (+/- 5)°C -2o°C
Kapernstrauch *Capparis spinosa*	violett Sommer	Bodendecker	Blüte, Nutzpfl.	gering	K: ○	+8 (+/-5)°C -5°C
Papaya *Carica pentagona*	gelb Frühling	Baum	Obst	hoch	T, W: ○	+12 (+/-5)°C 0°C
Natalpflaume *Carissa macrocarpa*	weiß Frühling	Strauch	Blüte, Obst Duft	mäßig	K, T: ○ bis ●	+8 (+/-5)°C 0°C
Johannisbrotbaum *Ceratonia siliqua*	gelb/braun Sommer	Großstrauch oder Baum	Blattschmuck, Nutzpflanze	mäßig	K: ○	+5 (+/-5)°C -5°C
Hammerstrauch *Cestrum*	divers ganzjährig	Großstrauch	Blüte, Duft (C. nocturnum)	hoch	T: ○ bis ◐	+10 (+/-5)°C 0°C
Zwergpalme *Chamaerops humilis*	– –	Palme	Blattschmuck	gering	K, T: ○	+8 (+/-8)°C -10°C
Orangenblume *Choisya ternata*	weiß Frühling	Strauch	Blüte, Duft	mäßig	K, T: ◐	+5 (+/-5)°C -10°C
Florettseidenbaum *Chorisia speciosa*	rosa-gelb Frühling	Baum	Blüte; Wuchs	mäßig	T, W: ○	+12 (+/-5)°C 0 °C
Kampferbaum *Cinnamomum camphora*	gelblich Sommer	Großstrauch oder Baum	Blattschmuck, Duft	mäßig	K, T: ○	+10 (+/-8)°C -5°C
Zistrose *Cistus*	divers Frühl./So.	Strauch	Blüte, Duft	hoch	K: ○	+5 (+/-5)°C je nach Art/Sorte
Zitrus *Citrus*	weiß divers	Großstrauch o. Kleinbaum	Blüte, Obst, Duft	mäßig	T: ○	+10 (+/-5)°C 0°C
Blauflügelchen *Clerodendrum ugandense*	blau ganzjährig	Strauch	Blüte	hoch	T, W: ○	+12 (+/-5)°C 0°C
Kaffee *Coffea arabica*	weiß Sommer	Strauch	Blattschmuck, Nutzpfl., Duft	mäßig	T, W: ◐ bis ●	+15 (+/-5)°C 0°C
Silberwinde *Convolvulus cneorum*	weiß Sommer	Bodendecker	Blüte	mäßig	K, T: ○	+5 (+/-5)°C -8°C
Keulenlilie *Cordyline australis*	weiß Sommer	palmenartig	Blattschmuck	gering	K, T: ○	+8 (+/-8)°C -5°C
Zick-Zack-Strauch *Corokia cotoneaster*	gelb Frühling	Strauch	Blüte, Duft, Wuchs	gering	K, T: ○	+10 (+/-8)°C -5 °C
Mittelmeerzypresse *Cupressus sempervirens*	– –	Baum	Wuchs	mäßig	K, T: ○	+5 (+/-5)°C -15°C
Palmfarn *Cycas revoluta*	– –	palmenartig	Blattschmuck	gering	T, W: ◐ bis ●	+8 (+/-8)°C -5°C
Papyrus *Cyperus papyrus*	gelblich Sommer	Staude/Gras	Blattschmuck, Wuchs	hoch	T, W: ○	+15 (+/-5)°C 0°C
Baumtomate *Cyphomandra betacea*	weißlich Frühling	Strauch	Obst	hoch	T, W: ○	+10 (+/-5)°C 0°C
Rauschopf *Dasylirion*	weiß Sommer	schopfartig	Blattschmuck, Wuchs	gering	K, T: ○	+5 (+/-5) C -10°C
Flammenbaum *Delonix regia*	rot Frühling	Baum	Blüte, Blattschmuck	mäßig	(T), W: ○	+15 (+/- 5)°C 0°C

Die besten Wintergartenpflanzen

Name	Blütenfarbe Blütezeit	Wuchsform	Besonderheit	Pflege-aufwand	Standort	Optimal- u. Mini-maltemperatur
Kakibaum *Diospyros kaki*	gelb Frühling	Baum	Obst	mäßig	K, T: ○	+5 (+/-5)°C -15°C
Felsenweide *Dodonea viscosa*	gelblich Sommer	Strauch	Blatt- und Fruchtschmuck	mäßig	K, T: ○	+10 (+/-5)°C -5°C
Drachenbaum *Dracaena draco*	–	palmenartig	Blattschmuck	wenig	(K), T, W: ○	+10 (+/-8)°C 0°C
Stolz von Madeira *Echium candicans*	blau Frühling	Strauch	Blüte	mäßig	(K), T: ○	+5 (+/-5)°C -5°C
Zierbanane *Ensete ventricosum*	rot Sommer	Staude	Blattschmuck	mäßig	T, W: ◐ bis ●	+15 (+/-5)°C 0°C
Emustrauch *Eremophila maculata*	divers ganzjährig	Strauch	Blüte	mäßig	T, W: ○	+10 (+/-5)°C 0°C
Wollmispel *Eriobotrya japonica*	weiß Herbst	Baum	Obst, Blüte Blattschmuck	hoch	K, T: ○ bis ◐	+10 (+/-8)°C -8°C
Korallenstrauch *Erythrina crista-galli*	rot So. bis Herbst	Strauch	Blüte	mäßig	K, T: ○	+8 (+/-5)°C 0°C
Eukalyptus *Eucalyptus gunnii*	divers Sommer	Baum	Blattschmuck, Duft	hoch	K, T: ○	+5 (+/-5)°C -10°C
Aralie *Fatsia japonica*	gelb Herbst	Großstrauch	Blattschmuck	wenig	(K), T, W: ◐ bis ●	+10 (+/-8)°C -8°C
Feige *Ficus carica*	– –	Baum	Obst	gering	K, T: ○	+5 (+/-5)°C -15°C
Flanellstrauch *Fremontodendron californ.*	gelb Frühl. bis He.	Großstrauch	Blüte	mäßig	K, T, (W): ○	+10 (+/-8)°C -10°C
Gardenie *Gardenia augusta*	weiß Sommer	Strauch	Blüte, Duft	mäßig	T, W: ◐ bis ●	+10 (+/-5)°C 0°C
Silbereichen *Grevillea*	divers He. bis Frühl.	Strauch	Blüte Blattschmuck	mäßig	T: ○	+10 (+/-8)°C 0°C
Zier-Ingwer *Hedychium*	divers Herbst	Staude	Blüte, Blattschmuck	mäßig	T, W: ○ bis ◐	+12 (+/-5)°C 0°C
Helikonien *Heliconia*	divers Herbst	Staude	Blüte, Blattschmuck	mäßig	T, W: ◐ bis ●	+15 (+/-5)°C 0°C
Goldwein *Hibbertia scandens*	gelb Sommer	Kletterpflanze	Blüte	mäßig	T, W: ○ bis ◐	+8 (+/-5)°C 0°C
Hibiskus *Hibiscus rosa-sinensis*	divers ganzjährig	Großstrauch	Blüte	hoch	T, W: ○	+15 (+/-5)°C 0°C
Bandbusch *Homalocladium platycladium*	gelb Sommer	Strauch	Blattschmuck	gering	T, W: ○ bis ●	+15 (+/-5)°C 0°C
Veilchenstrauch *Iochroma cyneum*	violettblau ganzjährig	Großstrauch	Blüte	hoch	T, W: ○	+10 (+/-5)°C 0°C
Isoplexis *Isoplexis canariensis*	orange Sommer	Strauch	Blüte	mäßig	T: ○	+10 (+/-5)°C 0°C
Palisanderbaum *Jacaranda mimosifolia*	blau Frühjahr	Baum	Blüte	mäßig	T: ○	+12 (+/-5)°C 0°C
Jasmin *Jasminum*	weiß divers	Kletterpflanze	Blüte, Duft	mäßig	K, T, W: ○ bis ◐	+10 (+/-5)°C 0°C
Don-Juan-Pflanze *Juanulloa aurantiaca*	orange Sommer	Strauch	Blüte	mäßig	T, W: ○ bis ◐	+15 (+/-5)°C 0°C
Chilenische Honigpalme *Jubaea chilensis*	– –	Palme	Blattschmuck	gering	K, T: ○	+8 (+/-5)°C -10°C

Name	Blütenfarbe Blütezeit	Wuchsform	Besonderheit	Pflege-aufwand	Standort	Optimal- u. Minimaltemperatur
Brasilianischer Federbusch *Justicia carnea*	rot Herbst	Strauch	Blüte	mäßig	T, W: ○ bis ◐	+15 (+/-5)°C 0°C
Korallenwein *Kennedia rubicunda*	rot Sommer	Kletterpflanze	Blüte	mäßig	T: ○	+8 (+/-5)°C 0°C
Kreppmyrte *Lagerstroemia indica*	divers Herbst	Großstrauch oder Baum	Blüte	mäßig	K, T: ○	+5 (+/-5)°C -10°C
Norfolk-Hibiskus *Lagunaria patersonii*	divers Sommer	Großstrauch oder Baum	Blüte	mäßig	T: ○	+10 (+/-5)°C 0°C
Lorbeer *Laurus nobilis*	gelb Sommer	Großstrauch	Blattschmuck, Duft, Formschn.	gering	K, T: ○ bis ●	+5 (+/-5)°C -10°C
Löwenohr *Leonotis leonurus*	orange Herbst	Strauch	Blüte	hoch	T: ○	+10 (+/-5)°C 0°C
Südseemyrte *Leptospermum scoparium*	weiß, rosa, rot Spätwinter	Strauch	Blüte, Formschnitt	mäßig	(K), T: ○	+8 (+/-5)°C -5°C
Ionischer Liguster *Ligustrum delavayanum*	gelb Frühling	Großstrauch	Formschnitt	gering	K, T: ○ bis ●	+5 (+/-5)°C -10°C
Papageienschnabel *Lotus berthelotii*	rot, orange Sommer	Bodendecker	Blüte	gering	(K), T: ○	+5 (+/-5)°C -5°C
Makadamia-Nuss *Macadamia integrifolia*	weiß Frühling	Großstrauch oder Baum	Obst (Nüsse)	mäßig	T, W: ○ bis ◐	+12 (+/-5)°C 0°C
Katzenkralle *Macfadyena unguis-cati*	gelb Frühling	Kletterpflanze	Blüte	mäßig	T: ○	+8 (+/-5)°C -5°C
Mandevilla *Mandevilla*	rot, rosa, weiß ganzjährig	Kletterpflanze	Blüte	mäßig	T, W: ○ bis ◐	+12 (+/-5)°C 0°C
Mango *Mangifera indica*	gelblich Frühjahr	Großstrauch oder Baum	Obst	mäßig	T, W: ○	+15 (+/-5)°C 0°C
Paternosterbaum *Melia azedarach*	violett-weiß Frühjahr	Baum	Blüte, Fruchtschmuck	mäßig	K, T: ○	+5 (+/-5)°C -10°C
Eisenholzbaum *Metrosideros excelsa*	rot Frühling	Großstrauch	Blüte, Blattschmuck	gering	(K), T, W: ○ bis ◐	+10 (+/-8)°C 0°C
Bananenstrauch *Michelia figo*	rot Frühling	Großstrauch	Blüte, Duft	mäßig	K, T: ○ bis ◐	+8 (+/-5)°C -5°C
Orangenjasmin *Murraya paniculata*	weiß Sommer	Strauch	Blüte, Duft	mäßig	T, W: ○ bis ◐	+12 (+/-5)°C 0°C
Ess-Banane *Musa × acuminata*	rot Sommer	Staude	Blattschmuck, Obst	mäßig	T, W: ◐	+15 (+/-5)°C 0°C
Myrte *Myrtus communis*	weiß Sommer	Strauch	Blüte, Duft, Formschnitt	mäßig	K, T: ○	+8 (+/-5)°C -5°C
Heiliger Bambus *Nandina domestica*	weiß Herbst	Strauch	Blüte, Blatt- u. Fruchtschmuck	mäßig	K, T: ○ bis ●	+5 (+/-5)°C -15°C
Vogelaugenbusch *Ochna serrulata*	gelb Frühling	Strauch	Blüte, Duft, Fruchtschmuck	mäßig	T, W: ○	+10 (+/-5)°C 0°C
Olive *Olea europaea*	gelb Frühling	Baum	Blattschmuck, Nutzpflanze	gering	K, T: ○	+5 (+/-5)°C -10°C
Duftblüte *Osmanthus*	weiß Frühl. u. So.	(Groß-)Strauch	Duft	gering	K, T: ○ bis ◐	+5 (+/-5)°C -15°C
Goldähre *Pachystachys lutea*	gelb ganzjährig	Strauch	Blüte	mäßig	T, W: ○ bis ◐	+15 (+/-5)°C 0°C
Schraubenbaum *Pandanus*	– –	palmenartig	Wuchs	gering	T, W: ○ bis ◐	+15 (+/-5)°C 0°C

Die besten Wintergartenpflanzen

Name	Blütenfarbe Blütezeit	Wuchsform	Eigenschaft	Pflege-aufwand	Standort	Optimal- u. Mini-maltemperatur
Pandorea *Pandorea jasminoides*	rosa Sommer	Kletterpflanze	Blüte	mäßig	T: ○	+10 (+/-5)°C 0°C
Passionsblume *Passiflora*	divers Sommer	Kletterpflanze	Blüte, Obst	mäßig	(K), T, W: ○	+10 (+/-5)°C je nach Art/Sorte
Steinlinde *Phillyrea angustifolia*	gelb Frühling	Großstrauch	Blüte, Duft Formschnitt	gering	K, T: ○	+5 (+/-5)°C -10°C
Dattelpalme *Phoenix canariensis*	– –	Palme	Blattschmuck	gering	K, T, W: ○	+8 (+/-5)°C -8°C
Neuseeländer Flachs *Phormium tenax*	bräunlich Sommer	Staude	Blattschmuck	gering	(K), T, W: ○	+8 (+/-5)°C -5°C
Mastixstrauch *Pistacia lentiscus*	weiß Frühling	(Groß-)Strauch	Blatt- und Fruchtschmuck	gering	K, T: ○	+5 (+/-5)°C -10°C
Klebsame *Pittosporum tobira*	gelblich Frühling	Strauch	Blüte, Duft, Blattschmuck	gering	K, T: ○ bis ●	+8 (+/-8)°C -10°C
Bleiwurz *Plumbago auriculata*	blau, weiß Sommer	Kletterpflanze	Blüte	mäßig	K, T: ○	+8 (+/-5)°C 0°C
Frangipani *Plumeria*	divers Sommer	Strauch	Blüte, Duft	gering	T, W: ○	+15 (+/-5)°C 0°C
Tempelbaum *Podocarpus*	gelb Frühling	Großstrauch oder Baum	Blattschmuck, Wuchs	mäßig	K, T: ○ bis ●	+5 (+/-5)°C -10°C
Rosa Trompetenwein *Podranea ricasoliana*	rosa Herbst	Kletterpflanze	Blüte	mäßig	K, T: ○	+10 (+/-5)°C 0°C
Kreuzblume *Polygala myrtifolia*	violett ganzjährig	Strauch	Blüte	mäßig	T, W: ○	+10 (+/-5)°C 0°C
Minzbusch *Prostanthera rotundifolia*	violett Spätwinter	Strauch	Blüte	mäßig	(K), T: ○	+10 (+/-5)°C 0°C
Mandelbaum *Prunus dulcis*	weiß-rosa Spätwinter	Baum	Blüte, Obst (Nüsse)	mäßig	K: ○	+5 (+/-5)°C -15°C
Echte Guave *Psidium guajava*	weiß Frühling	Großstrauch oder Baum	Obst, Blüte, Duft	mäßig	T, W: ○	+12 (+/-5)°C 0°C
Granatapfel *Punica granatum*	rot Frühling	Großstrauch oder Baum	Blüte, Obst	mäßig	K, T: ○	+5 (+/-5)°C -10°C
Feuerranke *Pyrostegia venusta*	orange Spätwinter	Kletterpflanze	Blüte	mäßig	T, W: ○	+12 (+/-5)°C 0°C
Baum-der-Reisenden *Ravenala madagascariensis*	weiß-grau im Alter	Staude	Blattschmuck	gering	T, W: ○	+15 (+/-5)°C 0°C
Weißdolde *Rhaphiolepis umbellata*	rosa, weiß Frühling	Strauch	Blüte	mäßig	K, T: ○ bis●	+5 (+/-5)°C -8°C
Rosmarin *Rosmarinus officinalis*	blau Frühl. bis So.	Strauch	Duft, Blüte	mäßig	K: ○	+5 (+/-5)°C -15°C
Springbrunnenpflanze *Russelia equisetiformis*	rot Frühl. bis So.	Bodendecker	Blüte	gering	T, W: ○	+12 (+/-5)°C 0°C
Zwerg-Palmetto *Sabal minor*	– –	Palme	Blattschmuck	gering	K, T: ○	+8 (+/-8)°C -15°C
Peruanischer Pfefferbaum *Schinus molle*	gelb Frühling	Baum	Duft, Blatt- u. Fruchtschmuck	mäßig	K, T, W: ○ bis ◑	+10 (+/-8)°C -5°C
Gewürzstrauch *Senna/Cassia corymbosa*	gelb So. bis Herbst	Großstrauch	Blüte	hoch	T: ○	+10 (+/-5)°C 0°C
Erdnussbutter-Kassie *Senna/Cassia didymobotrya*	gelb So. bis Herbst	Strauch	Blüte, Duft	hoch	T, W: ○	+15 (+/-5)°C 0°C

Name	Blütenfarbe Blütezeit	Wuchsform	Eigenschaft	Pflege-aufwand	Standort	Optimal- u. Mini-maltemperatur
Sesbanie *Sesbania punicea*	orangerot Sommer	Großstrauch oder Baum	Blüte	hoch	(K), T: ○	+8 (+/-5)°C -8°C
Goldkelchwein *Solandra maxima*	gelb Spätwinter	Kletterpflanze	Blüte, Duft	hoch	T, W: ○	+15 (+/-5)°C 0°C
Blauglöckchen *Sollya heterophylla*	blau Frühl. bis So.	Kletterpflanze	Blüte	mäßig	T, W: ○	+10 (+/- 5)°C 0°C
Afrik. Tulpenbaum *Spathodea campanulata*	orangerot Frühling	Baum	Blüte	hoch	T, W: ○	+15 (+/-5)°C 0°C
Paradiesvogelblume *Strelitzia reginae*	orange-blau Winter	Staude	Blüte, Blattschmuck	gering	T, W: ○	+12 (+/-8)°C 0°C
Baum-Strelitzie *Strelitzia nicolai*	blau-weiß Winter	Staude	Blüte, Blattschmuck	gering	T, W: ○	+12 (+/-8)°C 0°C
Kanarenblümchen *Streptosolen jamesonii*	orange Frühl. bis So.	Bodendecker	Blüte	hoch	(K), T: ○	+10 (+/-5)°C 0°C
Kirschmyrte *Syzygium paniculatum*	weiß Frühling	Strauch	Blüte, Frucht-schmuck	gering	(K), T, W: ○ bis ◑	+12 (+/-8)°C 0°C
Krepp-Gardenie *Tabernaemontana*	weiß Frühl. bis So.	Strauch	Blüte, Duft	mäßig	T, W: ◑	+15 (+/-5)°C 0°C
Trompetenbusch *Tecoma stans*	rot-orange Sommer	Strauch	Blüte	mäßig	T, W: ○	+15 (+/-5)°C 0°C
Trompetenblume *Tecomaria capensis*	rot/orange Herbst	Kletterpflanze	Blüte	mäßig	T: ○	+10 (+/-5)°C 0°C
Tropischer Oleander *Thevetia peruviana*	gelb ganzjährig	Großstrauch	Blüte, Duft	mäßig	T, W: ○	+15 (+/-5)°C 0°C
Himmelsblume *Thunbergia*	divers Sommer	Kletterpflanze	Blüte	hoch	T, W: ○ bis ◑	+15 (+/-5)°C 0°C
Prinzessinnenblume *Tibouchina urvilleana*	blauviolett Herbst	Strauch	Blüte	hoch	T, W: ○	+10 (+/-5)°C 0°C
Sternjasmin *Trachelospermum jasminoid.*	weiß Frühling	Kletterpflanze	Blüte, Duft	mäßig	K, T: ○ bis ◑	+8 (+/-8)°C -10°C
Hanfpalme *Trachycarpus fortunei*	– –	Palme	Blattschmuck	gering	K, T, (W): ○ bis ◑	+8 (+/-8)°C -15°C
Mittelmeer-Schneeball *Viburnum tinus*	weiß He. bis Frühl.	Strauch	Blüte, Fruchtschmuck	mäßig	K, T: ○ bis ◑	+8 (+/-8)°C -10°C
Mönchspfeffer *Vitex agnus-castus*	violett Herbst	Großstrauch	Blüte, Duft	mäßig	K: ○	+5 (+/-5)°C -15°C
Petticoat-Palme *Washingtonia*	– –	Palme	Blattschmuck	gering	(K), T, (W): ○ bis ◑	+8 (+/-8)°C -5°C
Australischer Rosmarin *Westringia fruticosa*	violett, weiß Spätwinter	Strauch	Blüte	mäßig	K, T: ○	+8 (+/-5)°C 0°C
Grasbaum *Xanthorrhoea*	– –	schopfartig	Blattschmuck, Wuchs	gering	T, W: ○	+15 (+/-5)°C 0°C
Palmlilie *Yucca rostrata*	weiß Sommer	schopfartig	Blattschmuck, Wuchs	gering	K, T, W: ○	+8 (+/-8)°C -15°C
Brustbeere *Ziziphus jujuba*	gelb Frühling	Baum	Obst	mäßig	K, T: ○	+5 (+/-5)°C -15°C

Sonne= ○, Halbschatten = ◑, Schatten = ●

K = kalter Wintergarten, T = temperierter Wintergarten; W = warmer Wintergarten

Die neue Energieeinsparverordnung

Im Winter beheizte Glasanbauten fallen unter die „Verordnung über energiesparenden Wärmeschutz und energiesparende Anlagentechnik bei Gebäuden", kurz „Energieeinsparverordnung EnEV", die am 1. Februar 2002 in Kraft getreten ist. Im Rahmen des Bauantrags ist nachzuweisen, dass der Bau oder Anbau den hier aufgeführten Bestimmungen entspricht.
Deshalb sollen im Folgenden die Grundzüge der Verordnung erläutert werden.

Jahres-Primärenergiebedarf und Transmissionswärmeverlust begrenzen (§ 3)

Ziel der Verordnung ist es, Heizenergie einzusparen, indem bei Wohngebäuden der auf die Gebäudenutzfläche bezogene Jahres-Primärenergiebedarf (Q_p) und der auf die Wärme übertragende Umfassungsfläche bezogene Transmissionswärmeverlust begrenzt wird. Das Niveau des baulichen Wärmeschutzes wurde gegenüber den alten Wärmeschutzverordnungen von 1982 und 1996 deutlich angehoben und soll gegenüber 1982 eine Energieeinsparung von bis zu 60% und damit eine Reduktion des CO_2-Ausstoßes ermöglichen. Der Nachweis, ob Ihr Wintergarten die Grenzwerte erfüllt, ist mittels eines „Energiebedarfsausweises" (§ 13) zu führen. Diesr muss die spezifischen Werte des Transmissionsverlustes, die Anlagenaufwandszahl für Heizung, Warmwasserbereitung und Lüftung, den Endenergiebedarf nach einzelnen Energieträgern und den Jahres-Primärenergiebedarf enthalten.

Vereinfachtes Nachweisverfahren (§ 7)

§ 7 räumt die Möglichkeit eines vereinfachten Nachweisverfahrens ein: „Übersteigt das beheizte Gebäudevolumen eines zu errichtenden Gebäudes 100 Kubikmeter nicht und werden die Anforderungen des Abschnitts 4 eingehalten (Anm.: hier geht es um heizungstechnische Anlagen, Warmwasseranlagen), gelten die übrigen Anforderungen dieser Verordnung als erfüllt, wenn die Wärmedurchgangskoeffizienten der Außenbauteile die in Anhang 3 Tabelle 1 genannten Werte nicht überschreiten."

In der angesprochenen Tabelle der EnEV werden beispielsweise folgende maximale Wärmedurchgangskoeffizienten U_{max} festgelegt (in W/(m²K). Für Außenwände 0,45, für außen liegende Fenster, Fenstertüren und Dachflächenfenster 1,7, Verglasungen 1,5, Sonderverglasungen 1,6.

Die U-Werte sind den jeweiligen technischen Produkt-Spezifikationen der Hersteller zu entnehmen.

Ermittlung des Jahres-Primärenergiebedarfs (Anhang 1)

Der Jahres-Primärenergiebedarf Q_p ist vereinfacht wie folgt zu ermitteln:

$$Q_P = (Q_H + Q_W) \times e_p$$

Die Einheit ist kWh/(m²a).

Q_H ist der Jahresheizwärmebedarf. Q_W ist der Zuschlag für Warmwasser: 12,5 kWh/(m²a). e_p ist die Anlagenaufwandszahl.

Q_H ist zu ermitteln als:
$$Q_H = 66 (H_T + H_V) - 0,95 (Q_S + Q_I).$$

H_T ist der spezifische Transmissionswärmeverlust. Er wird berechnet als $H_T = (F_{XI} + U_I + A_I) + 0,05\ A$, wobei F_{XI} der Temperatur-Korrekturfaktor ist. Er beträgt 1 für Außenwände, Fenster und Dächer und 0,6 für untere Gebäudeabschlüsse. U_I sind die Wärmedurchgangskoeffizienten der Bauteile. A_I ist die Wärme übertragende Umfassungsfläche.

H_V ist der spezifische Lüftungswärmeverlust. Er wird berechnet als $H_V = 0,19 \times V_e$, wobei V_e das beheizte Gebäudevolumen ist.

Q_S sind solare Gewinne, bei deren Berechnung der Gesamtenergie-durchlassgrad g eine wichtige Rolle spielt. Achtung: Beim vereinfachten Verfahren können besondere, Energie gewinnende System wie z.B. Wintergärten nicht als solare Gewinne berücksichtigt werden!

Q_I sind interne Wäremegewinne, die als $Q_I = 22 \times A_N$ berechnet werden, wobei A_N die Gebäudenutzfläche ist und als $A_N = 0,32 \times V_e$ (beheiztes Gebäudevolumen) berechnet wird.

Am Ende dieser Rechnungen steht das Ergebnis Q_p.

Grenzwerte für den Jahres-Primärenergiebedarf (Anhang 1, Tabelle 1)

Hat man Q_p ermittelt, wird geprüft, ob er den Grenzwert erfüllt. Dazu muss eine weitere Rechnung angestellt werden, nämlich das Verhältnis der Wärme übertragenden Umfassungsfläche A zum beheizten Bauwerksvolumen V_e, also das Verhältnis zwischen Außenhaut und Innenraum eines Bauwerks.

A berechnete man nach der Wärmeschutzverordnung von 1994 wie folgt: $A = A_W + A_F + A_D + A_G + A_{DL}$

Die Einheit sind Quadratmeter (m²).

A_W sind die Außenwände. A_F sind die Fenster- und Türflächen einschließlich der Dachfenster. A_D sind die Dach- und Dachdeckenflächen. A_G ist die Grundfläche des Gebäudes, die auf dem Erdreich ruht. A_{DL} sind Deckenflächen, die das Gebäude nach unten gegen die Außenluft abgrenzen (z.B. Durchfahrten).

Das beheizte Bauwerksvolumen V_e ist das Volumen, das von den zur Berechnung von A angenommenen Teilflächen umschlossen wird. Die Einheit sind Kubikmeter (m³).

Hat man beide Parameter bestimmt, wird das Verhältnis $A:V_e$ gebildet. Kommt ein Wert von 0,3 heraus, darf der Jahres-Primärener-

giebedarf Q_p den Wert 73,53 +2600/(100+A_N) nicht überschreiten (Berechnung von A_N: siehe oben). Bei A:V von 0,4 gilt als Grenzwert 81,06, bei 0,5 der Grenzwert 88,58, bei 0,6 der Grenzwert 96,11, jeweils + 2600/(100+A_N).

Hilfe bei der Berechnung

Die obige Berechnung klingt nicht nur kompliziert, sie ist es auch, wenn man sie zum ersten Mal durchführt, da sich im Detail meist viele Fragen ergeben. Diese Leistung nimmt Ihnen in der Regel der Wintergartenhersteller oder der Architekt bzw. Statiker ab.

Ausnahmeregelungen (§ 4)

Die bislang getroffenen Aussagen gelten für neu zu errichtende Wohngebäude, deren Fensterflächenanteil 30% nicht überschreitet und mit normalen Innentemperaturen geheizt werden. Gebäude mit normalen Innentemperaturen sind solche, die nach ihrem Verwendungszweck auf eine Innentemperatur von 19°C und mehr sowie jährlich mehr als vier Monate beheizt werden. Darüber hinaus sieht die EnEV eine Vorschrift für „Gebäude mit niedrigen Innentemperaturen" vor, wie sie auf sporadisch beheizte Wintergärten zutreffen kann. Es heißt: „Bei zu errichtenden Gebäuden mit niedrigen Innentemperaturen darf der nach Anhang 2 Nr. 2 zu bestimmende spezifische, auf die Wärme übertragende Umfassungsfläche bezogene Transmissionswärmeverlust H_T' die Höchstwerte in Anhang 2 Nr. 1 nicht überschreiten".

Wie man den Transmissionswärmeverlust H_T berechnet, haben Sie oben bereits erfahren: H_T =(F_{XI} + U_I + A_I) + 0,05 A. Um den auf die Wärme übertragende Umfassungsfläche A bezogenen Wärmeverlust zu ermitteln, führt man die einfache Rechnung: H_T' = H_T:A aus. Das Ergebnis H_T' wird mit dem Verhältnis A:V_e verglichen. Liegt A:V_e bei 0,3, darf H_T' den Wert 0,86 nicht überschreiten, bei 0,4 nicht den

Wert 0,78, bei 0,5 nicht den Wert 0,73 usw. (Anhang 2, Tabelle 1)

Weitergehende Vorschriften

Der Jahres-Primärenergiebedarf und seine verwandten Parameter sind jedoch nicht die einzigen Vorschriften, die die Verordnung macht. Sie greift auch in weitere Gebäude-Elemente ein, die beim Bau eines Wintergartens von Relevanz sein können.

„§ 5: Dichtheit, Mindestluftwechsel: (1) Zu errichtende Gebäude sind so auszuführen, dass die Wärme übertragende Umfassungsfläche A einschließlich der Fugen dauerhaft luftundurchlässig entsprechend dem Stand der Technik abgedichtet ist. Dabei muss die Fugendurchlässigkeit außen liegender Fenster, Fenstertüren und Dachflächenfenster Anhang 4 Nr. 1 genügen". Im entsprechenden Anhang ist festgehalten, dass bei Gebäuden mit bis zu zwei Vollgeschossen die Fugendurchlässigkeit der Klasse 2, bei mehr als zwei Geschossen der Klasse 3 zu entsprechen hat. Die Klassifizierung wird nach DIN EN 12207 durchgeführt.

„§ 6: Wärmebrücken: (2) Zu errichtende Gebäude sind so auszuführen, dass der Einfluss konstruktiver Wärmebrücken auf den Jahres-Heizwärmebedarf nach den Regeln der Technik und den im jeweiligen Einzelfall wirtschaftlich vertretbaren Maßnahmen so gering wie möglich gehalten wird. Der verbleibende Einfluss der Wärmebrücken ist bei der Ermittlung des spezifischen, auf die wärmeübertragende Umfassungsfläche bezogenen Transmissionswärmeverlusts und des Jahres-Primärenergiebedarfs nach Anhang 1 Nr. 2.5 zu berücksichtigen." Dieser besagt, dass Wärmebrücken pauschal durch eine Erhöhung des Wärmedurchgangskoeffizenten um 0,05 oder 0,10 W/(m²K) oder durch Einzelnachweis berücksichtigt werden.

„§ 12: Verteilungseinrichtungen und Warmwasseranlagen: (2) Wer heizungstechnische Anlagen mit Wasser als Wärmeträger in Gebäude einbaut oder einbauen lässt, muss diese mit selbsttätig wirkenden Einrichtungen zur raumweisen Regelung der Raumtemperatur ausstatten. Dies gilt nicht für Einzelheizgeräte, die zum Betrieb mit festen oder flüssigen Brennstoffen eingerichtet sind (...). Fußbodenheizungen in Gebäuden, die vor dem Inkrafttreten dieser Verordnung errichtet worden sind, dürfen (...) mit Einrichtungen zur raumweisen Anpassung der Wärmeleistung an die Heizlast ausgestattet werden"

„§ 14: Getrennte Berechnungen für Teile eines Gebäudes: Teile eines Gebäudes dürfen wie eigenständige Gebäude behandelt werden, insbesondere wenn sie sich hinsichtlich der Nutzung, der Innentemperatur oder des Fensterflächenanteils unterscheiden (...)."

„§ 3: Gebäude mit normalen Innentemperaturen: (3) Die Begrenzung des Jahres-Primärenergiebedarfs nach Absatz 1 gilt *nicht* für Gebäude, die beheizt werden: 1. mindestens zu 70% durch Wärme aus Kraft-Wärme-Kopplung, 2. mindestens zu 70% durch erneuerbare Energien mittels selbsttätig arbeitender Wärmeerzeuger, 3. überwiegend durch Einzelfeuerstätten für einzelne Räume oder Raumgruppen sowie sonstige Wärmeerzeuger, für die keine Regeln der Technik vorliegen."

„§ 3: Gebäude mit normalen Innentemperaturen:(4) Um einen Energie sparenden sommerlichen Wärmeschutz sicherzustellen, sind bei Gebäuden, deren Fensterflächenanteil 30% überschreitet, die Anforderungen an die Sonneneintragskennwerte oder die Kühlleistung nach Anhang 1 Nr. 2.9. einzuhalten." Hier heißt es, dass der Sonneneintragskennwert über DIN 4108-2 zu erfolgen hat und dass Kühlmaßnahmen unter Einsatz von Energie so gering wie möglich zu halten sind."

Hochwertige Erde erkennen

Die richtige Erde ist das A und O für ein optimales Gedeihen Ihrer Pflanzen. Deshalb sollte sie mit besonderer Sorgfalt ausgewählt werden: Die beste ist gerade gut genug!

Frisch soll sie sein

Die wichtigste Regel beim Einpflanzen oder Umtopfen ist: Verwenden Sie nur frische Erde. Bereits verwendete kann ausgelaugt sein oder Krankheitserreger und Schädlingsnester enthalten. Möchten Sie eigene Erdmischungen verwenden, sollten diese gedämpft werden, damit Keime und möglicherweise enthaltene Unkrautsamen abgetötet werden. Hochwertige, gekaufte Erde ist standardmäßig sterilisiert.

Achten Sie auf Qualität

Pflanzerden werden von sehr vielen Herstellern angeboten. Doch die Qualität hält oft leider nicht, was sie verspricht. Der Titel „Qualitätsblumenerde" bedeutet nicht notwendigerweise, dass der Inhalt tatsächlich hochwertig ist, vor allem nicht bei Billigangeboten. Um einen einheitlichen Bewertungsmaßstab zu schaffen, wurde das „RAL"-Gütezeichen entwickelt. Es wird nur an Substrate verliehen, die den Prüfungskriterien entsprochen haben.

Strukturstabilität

Das wichtigste Merkmal einer guten bis sehr guten Erde ist ihre Strukturstabilität. Das bedeutet, dass sie sich weder bei Trockenheit noch bei Nässe wesentlich in ihren Eigenschaften und ihrem Volumen verändert. Sie können dieses Kriterium mit einem einfachen Test selbst prüfen. Nehmen Sie eine Hand voll leicht feuchte Erde und drücken Sie diese fest zusammen. Lockert man den Griff, sollte die Erde von alleine auseinanderkrümeln. Bleibt sie dagegen ein fester Klumpen, ist das Substrat mangelhaft. Bei Nässe entweicht aller Sauerstoff aus den Poren und ohne ihn beginnen die Wurzeln rasch zu faulen. Bei Trockenheit zieht sich

instabile Erde dagegen stark zusammen, so dass am Topfrand ein Spalt klafft. Das erschwert das neuerliche Gießen erheblich, da das Wasser ungenutzt den Spalt herabrinnt. Hier hilft bei Topfpflanzen nur noch tauchen, in Pflanzbeeten ein wiederholtes Gießen im Abstand von ein bis zwei Stunden. Verwendet man schlechte Substrate großflächig, hat dies ein unregelmäßiges Absacken der Beetoberfläche zur Folge. Da viele Pflanzen jedoch das Anschüttung ihrer Stämme nicht vertragen, steht man dann vor einem echten Problem. Im Extremfall muss man die Pflanzen herausnehmen, den Boden neu nivellieren und die Pflanzen frisch einsetzen.

Erden sollen ausgereift sein

Minderwertige Erde riecht oft unangenehm faulig. Dieser Geruch weist darauf hin, dass als Zuschlagstoff Kompost verwendet wurde, der noch nicht ausgereift ist. Roher oder teilroher Kompost kann den Wurzeln schaden, denn bei seiner Zersetzung entstehen Wärme und teilweise aggressive Zwischenprodukte, die das Wurzelgewebe angreifen können. Versuchen Sie herauszufinden, woher der Kompost stammt. Komposthöfe in ländlichen Regionen erhalten zumeist gut sortiertes Rohmaterial. In großen Städten aber wird der Kompostbehälter häufig als Mülltonne für Essensreste und Sonstiges zweckentfremdet. Das kann sich negativ auf die Kompostqualität auswirken, weshalb hier regelmäßige Kontrollen vorgeschrieben sind. Besonders kritisch ist Kompost aus Klärschlamm zu bewerten, da er oft hohe Konzentrationen Schwermetalle enthält.

Zuschlagstoffe beurteilen

Weitaus unbedenklicher sind dagegen Erdbestandteile, die das Substrat durchlässiger machen. Hierzu zählen Steinchen jeder Art: Kies, Splitt, Sand, Blähton, Lavagrus und vieles mehr. Sie sorgen dafür, dass überschüssiges Wasser rasch ablau-

fen kann und die Wurzeln so genügend Luft gefüllte Poren vorfinden, selbst wenn das Substrat durchfeuchtet ist. Auch Kokos- und Holzfasern erhöhen die Luftkapazität, ebenso Perlite und Styromull, die als kleine Kügelchen beigemischt werden und nicht verrotten.

Tonminerale und Gesteinsmehle als Beimischung erhöhen dagegen die Speicherfähigkeit des Bodens für Wasser und Nährstoffe.

Auf Torf als Zuschlagsstoff sollte man so weit als möglich verzichten, denn er wird durch Raubbau an der Natur gewonnen, in dessen Folge uralte Moore unwiederbringlich zerstört werden. Viele Firmen bieten deshalb heute schon torffreie Erden an, die auf der Basis von Rindensubstraten arbeiten.

Wie gut sind Spezialerden?

Spezialerden sind dann gut, wenn sie die oben beschriebenen Kriterien erfüllen. Leider kauft man immer wieder die Katze im Sack, um zu Hause festzustellen, dass das Kakteen- oder Orchideensubstrat keineswegs durchlässig, locker und nährstoffarm, sondern vom Torf und Humus tiefschwarz gefärbt ist. Prüfen Sie deshalb auch hier kritisch, inwieweit Titel und Inhalt übereinstimmen.

Substrate zur Innenraumbegrünung

Diese Spezialmischungen sind bei der Anlage von Pflanzbeeten oder -becken unter Glas erste Wahl. Sie sind ausgesprochen strukturstabil und vor allem für Arten geeignet, die durchlässige, humusarme Substrate schätzen wie viele mediterrane Gewächse. Durch den hohen Anteil an mineralischen Zuschlagstoffen ist diese Erde meist sehr schwer. Achten Sie bei Pflanzbecken, die nicht auf dem Boden sondern auf Stützen fußen, auf das Gewicht, damit keine statischen Schwierigkeiten auftreten (z.B. bei unterkellerten Wintergärten).

Düngen wie ein Profi

Pflanzen brauchen zum Gedeihen drei Hauptnährstoffe: Stickstoff (N), Phosphor (P) und Kalium (K). Darüber hinaus sind Spurenelemente lebenswichtig, von denen jedoch geringe Menge genügen: Kalzium (Ca), Magnesium (Mg), Eisen (Fe), Mangan (Mn), Bor (B), Zink (Zn), Kupfer (Cu), Molybdän (Mo), Natrium (Na), Chlorid (Cl⁻).

Nährstoffkonzentrationen

Dünger bestehen nicht zu 100% aus Nährstoffen. Vielmehr sind diese an Trägersubstanzen gebunden und liegen als Lösung (Flüssigdünger) oder Pulver vor (Düngesalze). Wichtig ist es deshalb, auf die Nährstoffkonzentration zu achten, die längst nicht bei allen Düngern gleich ist. Sie wird als Zahlenreihe (z.B. 15-8-15) angegeben. Die erste Ziffer steht für den Stickstoffgehalt (NO_3), die zweite für den Phophorgehalt (P_2O_5) und die dritte für den Kaliumgehalt (K_2O). Billige Dünger enthalten oft nur geringe Nährstoffmengen, die sich in Zahlreihen wie 5-2-3 ausdrücken. Sie bedeuten, dass der Dünger 90% Wasser und nur zu 10% Nährstoffe enthält! Dabei kauft der Kunde zwar eine Riesenflasche für wenig Geld – aber sie ist auch rasch leer. Ein gehaltvoller Dünger sollte zumindest für zwei der drei Nährstoffe Werte über 10 enthalten. Dass sie meist teurer sind, relativiert sich durch den geringeren Verbrauch rasch.

Die richtige Mischung

Es kommt jedoch nicht nur auf den Gesamtnährstoffgehalt, sondern auch auf die richtige Mischung an. Als sehr vereinfachte Regel gilt: Stickstoff ist für das Wachstum wichtig, Phophor für die Blütenbildung und Kalium für die Fruchtreife und das Ausreifen des Holzes. Je nach Pflanze ist deshalb eine andere Nährstoffverteilung sinnvoll. Blütenpflanzen sollten beispielsweise nicht zu viel Stickstoff erhalten, sonst wachsen sie zwar kräftig, bilden aber weniger Blüten. Spezialdünger gehen auf diese feinen Unterschiede ein, weshalb sie im Einzelfall den Standarddüngern vorzuziehen sind, wenn sie das eingangs geforderte Mindestmaß an Nährstoffgehalt erfüllen.

Düngen mit Maß

„Viel hilft viel", ist ein Rat, der beim Düngen nicht zum Ziel führt. Die Praxis, Volldünger für den Garten (z.B. „Blaukorn") für Kübelpflanzen zu verwenden, ist eine Unart, die leider allzu oft gängige Praxis ist. Denn ein Zuviel an Nährstoffen kann rasch zu Wurzelschäden führen. Nährstoffe sind Salze, die das Wurzelgewebe angreifen können, wenn sie in zu hohen Konzentrationen vorliegen. Deshalb ist es wichtig, dass Sie bei qualitativ hochwertigen und damit hochkonzentrierten Düngern die Dosierangaben der Hersteller möglichst genau einhalten. Geringere Konzentrationen sind jederzeit erlaubt, höhere nicht. Achten Sie zudem darauf, dass sich die Dünger vollständig im Wasser auflösen und gleichmäßig im Tank oder der Gießkanne verteilen. Als Faustregel für Sofortdünger kann gelten, dass pro Liter Topfvolumen 200 ml mit Dünger vermischten Gießwassers einmal wöchentlich genügen.

Langzeitdünger

Eine andere Form der Düngung ist die Langzeitdüngung. Dabei sind die Nährstoffe in einer Hülle verpackt, die sich nur langsam auflöst und ihren Inhalt frei gibt. Je nach Fabrikat versorgen sie Ihre Pflanzen über einen Zeitraum von drei, vier, sechs oder sogar neun Monaten – mit nur einen einzigen Düngegabe. Wie die Langzeitdünger, die es als lose Kügelchen, Stäbchen oder Kegel gibt, dosiert werden, ist auf der jeweiligen Verpackung angegeben. Für Wintergartenpflanzen, die kühl überwintern, sollten die Langzeitdünger nicht länger als sechs Monate wirken. Denn Ende August sollte die Nährstoffzufuhr stoppen, damit sich die Pflanzen auf die Winterruhe vorbereiten. Warme Winter-

gärten können dagegen sehr gut mit den Neun-Monats-Düngern versorgt werden. Da Langzeitdünger nicht sofort wirken, werden sie schon im Februar ausgebracht. So haben sie bis zum Beginn des neuen Wachstums drei bis vier Wochen Zeit, um angelöst zu werden. Bei starkwüchsigen Arten kann es vorkommen, dass die Nährstoffversorgung im Hochsommer nicht ausreicht. Setzen Sie dann Sofortdünger in flüssiger oder pulverisierter Form zur Ergänzung ein.

Organisch oder mineralisch?

Bleibt die Frage zu klären, ob organische oder mineralische Dünger die bessere Wahl sind. Mineralische Dünger haben den Vorteil, dass ihr Nährstoffgehalt exakt definierbar ist. Organische Dünger schwanken in ihrer Zusammensetzung. Dafür stimulieren sie das Bodenleben, da die Nährstoffe zunächst von Mikroorganismen aufgeschlossen werden müssen, bevor die Pflanzenwurzeln sie aufnehmen können. Und ein belebter Boden wirkt sich ingesamt förderlich auf das Pflanzengedeihen aus. Empfehlenswert ist deshalb eine Mischung aus beiden. Geben Sie im Frühjahr zur Hälfte organische Langzeitdünger wie Hornspäne, Hornmehl oder andere organische Produkte und zur Hälfte mineralische Langzeitdünger in die Erde.

Auf den pH-Wert achten

Der pH-Wert gibt den Säure- bzw. Kalkgehalt des Bodens an. Ein pH-Wert von 7 gilt als neutral, unter 7 spricht von sauren Böden, über 7 von alkalischen oder „kalkhaltigen" Böden. Ist das Substrat zu kalkhaltig, werden wichtige Nährstoffe wie z.B. Eisen festgelegt. Das bedeutet, dass sie zwar im Boden vorliegen, aber für die Pflanzenwurzeln unerreichbar gebunden sind. Hier kann man düngen, so viel man will: ein Mangel lässt sich nur schwer ausgleichen. Stattdessen müssen Sie den pH-Wert senken, was mit sauer wirkenden Düngern gelingt (z.B. Rhododendron-Dünger).

Pflanzenneuheiten

Treffender als der Titel „Neuheiten" wäre: Pflanzen, die jüngst in den Mittelpunkt des Interesses eines größeren Publikums rücken. Denn wirklich „neu" im Sinne einer Neuzüchtung sind die meisten Newcomer im Winter- und Topfgartensortiment nicht. An ihren Naturstand-orten sind sie schon seit Jahrtausenden oder gar Jahrmillionen existent. Doch plötzlich entdeckt man ihren Zierwert und nimmt sie in größeren Stückzahlen in Kultur. Arten, die lange Zeit nur als rare Einzelexemplare von Spezialisten kultiviert wurden, machen auf diese Weise binnen weniger Jahre Karriere. Beispielsweise diese hier:

Blauglöckchen
(Sollya heterophylla)

Es sind nicht immer die großen, üppigen Blüten, die einem besonsers ans Herz wachsen. Diese australische Kletterpflanze ist ein Beispiel dafür. Ihre schlingenden Triebe lassen den ganzen Sommer über himmelblaue oder weiße Blütenglöckchen erklingen, die kaum einen Zentimeter Durchmesser erreichen. Sie hängen jedoch zu Hunderten an den dicht beblätterten Trieben und sind in der Summe ein wunderschöner Schmuck. Die Blätter sind ungeteilt, weich und von hellgrüner Farbe. Bei der Pflege muss man auf eine konstante, aber niedrige Bodenfeuchte achten. Staunässe lässt die Wurzeln rasch faulen und führt zum Verlust einzelner oder aller Triebe. Wie alle Kletterpflanzen sollte man auch die weitgehend immergrünen Blauglöckchen im Spätwinter vor dem frischen Austrieb auslichten. So lassen sich die Pflanzen besser auf mögliche Schädlingsherde kontrollieren, von denen Schild- und Wollläuse im Winter zu den häufigsten zählen. Die Überwinterungstemperatur sollte bei 5 bis 15 °C liegen.

Kaplilie
(Tulbaghia violacea)

Bei der Einführung dieser südafrikanischen Zwiebelpflanzen stand zunächst ihr werbewirksamer Geruch im Vordergrund, der Wühlmäuse vertreiben soll. Tatsächlich riechen die Blätter nach einer Mischung aus Zwiebeln und Knoblauch, wenn man sie berührt. Ohne Luftbewegung bleiben sie jedoch weitgehend „stumm". Mit dieser Marketingstrategie wird man jedoch den eigentlichen Qualitäten dieser Immergrünen nicht gerecht. Sie entwickeln wunderschöne Blüten, die in einem Atemzug mit den Schmucklilien (Agapanthus) genannt werden können. Die Blüten sind zumeist rosa bis hellviolett gefärbt und erscheinen von Sommer bis Herbst. Selbst Frost bis etwa −5 °C kann den robusten Horsten nichts anhaben. Allerdings welkt bei solchen Winterbedingungen ein Großteil des Laubes. Bei Überwinterungstemperaturen über 5 °C bleibt es immergrün. In beiden Fällen sprießt ab Frühjahr eine Vielzahl neuer Blätter, die den Horsten zunehmend mehr Breite verleihen, während die Halme nicht höher als 30 cm werden. Die Erde sollte nach dem Gießen gut abtrocknen, bevor man erneut zum Wasserschlauch greift. Der Düngebedarf ist mäßig. Schädlinge vergreifen sich nicht an dem Laub.

Isoplexis, Kanarischer Fingerhut
(Isoplexis canariensis)

Diese auf Teneriffa heimischen (und streng geschützten!), bis zu 1,5 m hohen Halbsträucher ziehen im Sommer die Blicke mit 30 cm hohen Blütenkerzen auf bis zu 1 m hohen Stielen auf sich. Sie beherbergen orangefarbene Lippenblüten, die an kleine Drachenköpfe erinnern. Das dunkelgrüne Laub steht in Quirlen um die festen, aufrechten Triebe, die nur an der Basis verholzen. Je vieltriebiger die Kronen sind, umso mehr Blütenstände entwickeln sich, denn sie sitzen immer an den jungen Triebenden. Ältere Pflanzen blühen auf diese Weise fast den ganzen Sommer über. Wermutstropfen ist die relativ hohe Anfälligkeit für Schädlinge, die sich an den nährstoffreichen Blättern laben, die ein hohes Maß an Wasser und Dünger verlangen. Obwohl man Isoplexis seiner Ähnlichkeit und Verwandtschaft mit dem Fingerhut (Digitalis) wegen auch „Kanarischen Fingerhut" nennt, ist er nicht giftig. Beide gehören den Scrophularia-ceae an. Die Überwinterungstemperatur sollte bei 5 bis 15 °C liegen, wie sie temperierte Wintergärten bieten können.

Perlenpflanze
(Dalechampia spathulata)

Dieses Wolfsmilchgewächs (Euphorbiaceae) zieht nicht nur das Interesse der Botaniker, sondern auch das der Besitzer temperierter und warmer Wintergärten auf sich. Denn die Blüten sind nicht das, was sie vorgeben. Bei den zwei rosarot gefärbten „Blütenblättern", die völlig symmetrisch geformt sind und sich gegenüberstehen, handelt es sich um so genannte Pseudanthien, die sehr viel länger halten als echte Blüten. Sie haben einen schimmernden Glanz. Die wahren Blüten sitzen in ihrer Mitte und sind unscheinbar weiß gefärbt. Je nach Schnittintensität wächst Dalechampia, die nach dem französischen Arzt und Botaniker Jacques Dalechamp (1513−1588) benannt ist, buschig oder straff aufrecht wie eine Kletterpflanze heran. Beim Rückschnitt, der im Spätwinter vor dem neuen Austrieb erfolgt, sollten empfindliche Menschen Handschuhe tragen, da dabei Milchsaft aus den Pflanzen austritt, wie er für Wolfsmilchgewächse typisch ist. Feine Haare auf den Blättern und Stielen können die Haut reizen. Der Wasser- und Düngebedarf ist aufgrund des raschen und dichten Wuchses mäßig bis hoch. Die Überwinterung sollte in jedem Falle frostfrei, am besten zwischen 5 und 15 °C erfolgen.

Wunderstrauch
(Quisqualis indica)

Diese in den Tropen Afrikas und Südostasiens beheimateten Pflanzen überzeugen mit mehrfarbigen Blüten, die an langen Stielen elegant überhängen. Sie wechseln ihre Farbe im Verlauf der Blüte von Weiß über Rosa bis Rot. Nachts duften sie. Die immergrünen, langen Triebe sind mit relativ großen, ungeteilten, glänzend grünen Blättern besetzt. Wer sie aufbindet, erzieht sie zu Kletterpflanzen, bei regelmäßigem Stutzen bilden sich aus den bodenständigen Triebe kleine Büsche. Am Boden entlang geführt, werden sie zu kriechenden Bodendeckern. Diese Vielfalt war es wohl, die ihre Entdecker zu der erstaunten Frage „Quisqualis?!" verleitete: „Was ist das?". Der Wasserbedarf ist, bedingt durch das dichte Blattwerk hoch, aber nicht übermäßig, da als Standort halbschattige Plätze bevorzugt werden. Als Prinzip gilt: den „Kopf" in der Sonne, die „Füße" im Schatten. Ein kräftiger Rückschnitt im Spätwinter hält diese bislang viel zu wenig beachteten, pflegeleichten Multitalente vital und blühfreudig.

Kanarenblümchen
(Streptosolen jamesonii)

Ursprünglich stammt dieser Kleinstrauch aus Südamerika. Doch auf den kanarischen Inseln ist er verwildert. Wer im Urlaub auf den beliebten Ferieninseln gerne durch die Natur wandert, dem wird der kletternde, bodendeckende oder überhängende Strauch sicher schon einmal aufgefallen sein. Denn an einem vollsonnigen, geschützten Platz bei reichlich Wasser und Dünger zeigt der Marmeladenbusch, wie das Kanarenblümchen auch genannt wird, unzählige Blüten. Sie sind gelb, orange oder rot gefärbt – bunt gemischt an einer Pflanze. Da die Kleinen niedrige Temperaturen tolerieren, sind sie sowohl für kalte, aber frostfreie, Wintergärten als auch für temperierte geeignet, wobei ihnen jedoch frostfreie Bedingungen eher zusagen. Das immergrüne Laub bleibt während des Winters weitgehend erhalten, stellt sich aber durch Ausdünnen auf die geringen Lichtverhältnisse ein. Im Spätwinter sollte man die Triebe kräftig stutzen, damit sie sich besser verzweigen, denn je buschiger die Kronen werden, umso mehr Blüten sind Ihnen sicher. Wer einen geraden Mitteltrieb wählt und zunächst gerade nach oben zieht, kann sogar Stämmchen ziehen.

Graublättrige Palmlilie
(Yucca rostrata)

Die Palmlilien (Yucca) haben längst millionenfach Einzug in jeden Wintergartentyp gehalten, denn sie sind so anpassungsfähig und pflegeleicht, wie man es sich von einer Wintergartenpflanze nur wünschen kann. Wenig Beachtung hat bislang die Art Yucca rostrata gefunden. Dabei ist sie mit ihren geraden, mit Blattbasen bedeckten Stämmen und dem blaugrünen, schmalen, kugelförmig abstehenden Blättern ein echter Hingucker. Schuld am „Schattendasein" der Sonnenanbeter mag der sehr langsame Wuchs der Immergrauen sein, der einen recht hohen Kaufpreis nach sich zieht. Dafür werden diese Palmlilien aber uralt und stellen keinerlei Ansprüche. Die Temperatur darf zwischen leicht frostig und dauerwarm variieren, Trockenheit wird ebenso wenig übel genommen wie Düngermangel. Obwohl sie auch an halbschattigen Stellen gedeihen, ist die Graufärbung der Blätter in voller Sonne am intensivsten, deshalb ist ein offener Platz ratsam. Der jährliche Schnitt beschränkt sich auf das Entfernen der untereren, altersbraun gewordenen Blätter.

Franklinie
(Franklinia alatamaha)

Nach dem Prädidenten Benjamin Franklin und dem Alatamaha-Fluss in Georgia (USA) benannt, war dieser kleine Baum bald nach seiner Entdeckung um 1750 am Naturstandort ausgestorben. In Kultur aber hat die Verwandte der Kamelien aus der Familie der Teegewächse überlebt. Zum Glück für alle Besitzer kalter Wintergärten! Denn die Blüten sind so schön, wie man sie bei Bäumen nur selten antrifft. Die bis zu 8 cm durchmessenden, reinweißen Blüten duften zart und erscheinen im Sommer. Im Herbst legen die Kronen ein rotes Laubkleid an, wenn die Temperaturen unter 0°C fallen. Darüber sind die Kronen weitgehend immergrün. Der Wasserbedarf ist mäßig, da die derben Blätter in ihrem Gewebe einen kleinen Vorrat anlegen können. Die Erde sollte sehr durchlässig sein, damit keine Staunässe ent-

steht, und zu mindestens einem Drittel aus Kies, grobem Sand, Blähton oder Lavagrus bestehen.

Indisches Blumenrohr
(Canna indica)

Diese Stauden mit den dicken Wurzeln (Rhizome) kennen Sie sicher aus den Sommerblumenrabatten im Garten. In jüngster Zeit werden die Qualitäten der bananenähnlichen Blätter, die je nach Sorte grün, rot oder mehrfarbig sind, für den Wintergarten entdeckt. Ihren Blattschmuck ergänzen die bis zu mannshohen Pflanzen mit leuchtstarken Blüten in Gelb, Rot oder Orange. Der Wasserbedarf ist hoch, sollte aber nicht überschätzt werden, da Nässe die Rhizome faulen lässt. Mit sinkenden Temperaturen im Herbst welken die Blätter; im Fachjargon spricht man vom „Einziehen der Blätter". Warten Sie, bis dieser natürliche Vorgang abgeschlossen ist. Erst dann schneidet man das Laub ab. Ist man dabei zu voreilig, kann die Pflanze nicht alle Energie spendenden Assimilate aus den Blätter herausziehen und in den Wurzeln als Reserve einlagern. Im Spätwinter topft man bei Exemplaren in Kübeln die Wurzeln in frische Erde, wo sie ab etwa April neu durchtreiben werden. Die Töpfe sollten frostfrei stehen. Wenige Grade über Null und ein dunkler Platz genügen jedoch.

Whitfieldia
(Whitfieldia elongata)

Diese als Zimmerpflanze vereinzelt erhältlichen Sträucher zählen zu den Akanthusgewächsen (Acanthaceae). Mit maximal 2 m Höhe sind sie jedoch nicht nur für die Fensterbank, sondern auch für den warmen Wintergarten ein schöner Schmuck. In mehreren Schüben pro Jahr zeigen sie bei ausreichend Licht ihre dichten, weißen Blüten – sogar während der Wintermonate. Damit hellen sie jeden Wintergarten auf, die sonst vom Grün des Laubes bestimmt wären. Sonne brauchen die westafrikanischen Tropenpflanzen nicht. Ist der Standort zu dunkel, lässt jedoch die Blüte nach. Der Nährstoff- und Wasserbedarf ist mäßig, ebenso die Empfindlichkeit gegenüber Schädlingen.

Schädlinge und ihre Bekämpfung

Wer Pflanzen unter Glas hält, sollte sich über eine Tatsache im Klaren sein: einen Wintergarten ohne Schädlinge gibt es nicht! Wo Pflanzen wachsen und gedeihen, werden sich auch Widersacher niederlassen, die sich an den Blättern laben. Dabei hat die Häufigkeit und Intensität von Schädlingspopulationen primär nicht zwangsläufig etwas mit schlechter Pflege zu tun. Auch top gepflegte Pflanzen bleiben nicht verschont, obwohl sie natürlich viel widerstandsfähiger sind. Wichtig ist: Man muss wachsam sein, drohende Kalamitäten rechtzeitig erkennen und abwenden.

Früherkennung

„Vorbeugen ist besser als heilen" – das gilt nicht nur bei der Gesundheit des Menschen, sondern auch für das Wohlergehen von Pflanzen. Je eher Sie eine Schädlingspopulation bemerken und dezimieren, umso weniger wird die betroffene Pflanze geschwächt. Bemerkt man die saugenden Insekten oder Infektionen dagegen zu spät, haben die Pflanzen oft schon sehr viel Saft oder ganze Kronenteile verloren. Schauen Sie deshalb nicht nur alle paar Wochen, sondern ein- bis zweimal wöchentlich nach dem Rechten. Betrachten Sie dabei auch die Blattunterseiten, Zweige und Blattachseln sehr genau, wo sich die ersten Exemplare häufig verstecken. Haben Sie einen Herd entdeckt, sollte man auch die Nachbarpflanzen gründlich unter die Lupe nehmen, denn Schädlinge springen leicht über. Bekämpft man dann nicht alle Schädlingsgruppen gleichzeitig, riskiert man einen „Ping-Pong-Effekt", bei dem die eine Pflanze die nächste ansteckt.

Der richtige Zeitpunkt

Passen Sie für die Schädlingsbekämpfung mit Pflanzenschutzmitteln einen bewölkten Tag ab. Ölhaltige Präparate hinterlassen auf den Blättern einen Film, der bei Sonnenschein zu Verbrennungen führen kann. Die Blätter bekommen unregelmäßige gelbe, später dann braune Flecken. Zudem ist es von Vorteil, wenn das Spritzwasser, in dem die Pflanzenschutzmittel gelöst sind, einige Stunden auf den Pflanzen – und damit auf die Schädlinge – einwirken kann, und nicht sofort verdunstet.

Kontaktmittel und systemische Mittel

Kontaktmittel können nur dann wirken, wenn die Widersacher direkt mit dem Pflanzenschutzmittel in Berührung kommen. Setzt man Kontaktgifte gegen Insekten ein, sollte man die Pflanzen deshalb sehr sorgfältig von wirklich allen Seiten einsprühen. Tiere, die nicht benetzt werden, überleben häufig und können die Keimzelle für eine erneute Ausbreitung bilden. Kontrollieren Sie deshalb in den Folgewochen den Erfolg und behandeln Sie unter Beachtung der Vorschriften eventuell nochmal.

Systemische Mittel wirken dagegen nicht nur bei direktem Kontakt. Ihre Wirkstoffe werden von den Pflanzen aufgenommen (z.B. über die Blätter oder Wurzeln) und mit dem Saft in der gesamten Krone verteilt. Saugende Insekten nehmen die Substanzen mit der Nahrung auf und gehen daran zugrunde. Ja aktiver die Pflanzen sind, umso besser klappt die Verteilung der Wirkstoffe. Im Winter wirken systemische Mittel deshalb oft verzögert. Überschreiten die Kronen eine bestimmte Größe und Höhe, reicht die zugelassene Konzentration der Mittel nicht immer aus, um bis in die höheren Kronenregionen zu gelangen. Überprüfen Sie deshalb auch bei systemischen Mitteln den Erfolg. Das Streuen eines Granulats oder das Anlegen eines Pflanzenschutz-Pflasters allein garantiert noch nicht, dass man die Schädlinge los wird.

Der vorsichtige Umgang

Verwenden Sie als Hobbygärtner ausschließlich Präparate, die für den Haus- und Gartenbereich zugelassen sind. Sie sind in Kleinpackungen abgefüllt und mit Dosierhilfen ausgestattet, die die Anwendung zu Hause erleichern. Besonders anwenderfreundlich sind Fertiglösungen. Jegliche Pflanzenschutzmittel müssen kindersicher aufbewahrt werden. Halten Sie beim Sprühen der Lösung möglichst großen Abstand zur Düse, z.B. mit Hilfe von Verlängerungsstielen. Dabei ist es nicht übertrieben, eine Schutzmaske aufzusetzen, die Sie im Gartencenter bekommen. Vor allem Personen, die unter Allergien leiden, sollten die höchstmöglichen Vorsichtsmaßnahmen ergreifen, auch wenn die Mittel gesundheitlich unbedenklich sind. Betreten Sie nach einer Behandlung den Wintergarten einige Stunden nicht und öffnen Sie danach alle Fenster, um für kräftigen Durchzug zu sorgen. Die Türen zu den angrenzenden Wohnräumen bleiben geschlossen.

Wer in seinem Wintergarten exotische Früchte ernten möchte, befindet sich in einer besonderen Zwickmühle, wenn es um den Pflanzenschutz geht. Schließlich möchten Sie endlich einmal ungespritzte Früchte genießen! Schöpfen Sie daher zunächst alle mechanischen Methoden der Schädlingsbekämpfung aus (Seite 155). Kommt es zum Einsatz von Wirkstoffen, sollten Sie Wartezeiten von mindestens vier Wochen zwischen der letzten Spritzung und der Ernte einhalten. Sicher sind Mittel, die zugleich im Obstbau zugelassen sind.

Biologischer Pflanzenschutz

Eine weitere Alternative bietet der Einsatz von Nützlingen. Darunter versteht man Kleintiere, zumeist Insekten, die sich von den Schädlingen ernähren und die Populationen auf diese Weise eindämmen – aber meist nicht ganz vernichten! Damit das Räuber-Beute-Verhältnis funktioniert, brauchen die Nützlinge die passenden Umweltbedingungen wie eine bestimmte Luftfeuchte oder Temperatur. Beispielhafte Paare sind: Raubmilben gegen Spinnmilben; Australische Marienkäfer gegen bestimmte Woll-, Schmier- und Schildläuse; Raubwanzen gegen Blasenfüße, Florfliegen und Räuberische Gallmücken gegen Blattläuse, Schlupfwespen gegen Weiße Fliegen oder Nematoden gegen Rüsselkäferlarven. Die Nützlinge sind im Fachhandel erhältlich. Die Tiere werden als Eier, Larven oder adulte Tiere per Paket zu Ihnen nach Hause geschickt und sollten sofort an den befallenen Pflanzen ausgesetzt werden. Wer regelmäßig mit Nützlingen arbeitet, sollte darüber nachdenken, die Lüftungsklappen mit engmaschigen Netzen zu versehen, durch das die Nützlinge nicht hinausfliegen und Schädlinge nicht mehr hineinfliegen können!

Die wichtigsten Schädlinge und ihre Bekämpfung

Spinnmilben (Rote Spinne):
Diese kleinen Spinnentiere zählen zu den lästigsten Begleiterscheinungen trockener, heißer Sommer. Die kaum Millimeter großen Tiere saugen die Blattzellen leer und hinterlassen auf diese Weise Blätter, die wie weiß gepunktet aussehen. Entdeckt man sie nicht rechtzeitig, weben sie in den Blattachseln und -rändern feine Netze, die wie Spinnweben aussehen. Leider gibt es keine mechanischen Mittel gegen diese Invasion, die in Kürze ganze Pflanzen entlauben kann. Da Spinnmilben nicht zu den Insekten zählen, können Mittel „gegen saugende und beißende Insekten" nicht eingesetzt werden. Achten Sie auf die spezifische Ausweisung „gegen Spinnmilben" und außerdem auf die Zulassung für Unter-Glas-Kulturen und Innenräume.

Blattläuse:
Sie machen sich als grün, schwarz oder braun gefärbte Arten vor allem über die jungen Blätter und Triebspitzen im Frühjahr her. Bei größeren Pflanzen kann man die Populationen bereits drastisch eindämmen, indem man stark befallene Triebspitzen abschneidet und vernichtet. Auch ein Hausmittel hilft sehr zuverlässig: Für eine Spiritus-Schmierseifenlösung werden ein Teelöffel Schmierseife und eine

Kappe Spiritus in einem Liter Wasser aufgelöst und über die Blätter und Zweige gesprüht. Die Tiere trocknen aus, ihre Chitin-Hüllen aber bleiben an den Pflanzen haften. Bei mehrmaliger Wiederholung kann man mit diesem ungiftigen Hausmittel sehr gute Erfolge erzielen. Leider wandern Blattläuse während der gesamten Vegetationszeit immer wieder neu zu. Da heißt es, aufmerksam zu bleiben.

Schild-, Woll- und Schmierläuse:
Sie treiben vor allem während der kalten Jahreszeit ihr Unwesen. Allen dreien gemeinsam ist eine schild- oder wollartige Schutzschicht, unter der sie bestens vor Außeneinwirkungen abgeschirmt sind. Darunter saugen sie in Ruhe die Blattzellen leer. Herabtropfender Saft lagert sich auf den unterhalb liegenden Blättern ab. Darauf wiederum siedeln sich schwärzliche Rußtaupilze an, die die Assimilation beeinträchtigen und auch optisch stören. Sie lassen sich aber leicht abwischen. Auch gegen die Läuse hilft das Abwischen mit einem rauen Lappen oder Schwamm. Diese Methode ist zwar zeitaufwändig, aber sehr effektiv, wenn man darauf achtet, neue Kolonien gleich wieder zu dezimieren. Zusätzlich kann man die Spiritus-Schmierseifenlösung einsetzen (siehe „Blattläuse"). Von den Pflanzenschutzmitteln kommen beispielsweise ölhaltige Präparate zum Einsatz, unter deren Film die Läuse ersticken.

Weiße Fliegen, Mottenschildläuse:
Diese fliegenden, weißen Motten sind zwar lästig, richten aber zumeist keine großen Schäden an. Während man sie mit Spritzmitteln nur schwer bekämpfen an, da sie zu rasch auffliegen und sich zerstreuen, hilft ein optischer Trick. Weiße Fliegen fühlen sich von der Farbe Gelb magisch angezogen und lassen sich von mit Leim beschichteten Tafeln einfangen. Da die wenige Millimeter langen Tiere über geöffnete Fenster von draußen immer wieder zufliegen, muss man die Gelbtafeln oder -stecker regelmäßig auswechseln.

Schnecken, Raupen und Käfer:
Wie auch im Garten machen Nackt- und Gehäuseschnecken vor nichts

Halt. Leicht schleppt man sie sich über Kübelpflanzen, die im Sommer im Freien gestanden haben, in den Wintergarten. Erkennt man erste Fraßspuren, begibt man sich am späten Abend mit einer Taschenlampe auf die Suche und sammelt die Lästlinge ab. Alternativ bietet sich unter Glas der Einsatz von Schneckenkorn an, sofern verhindert werden kann, dass Haustiere damit in Berührung kommen. Raupen und Käfer kommen im Wintergarten eher selten vor, obwohl auch sie über weit geöffnete Türen eindringen können. Da sie auch mit bloßem Auge gut zu erkennen sind, sammelt man sie ab, sobald man ihr Versteck entdeckt hat. Tragen Sie dabei vorsichtshalber Handschuhe, denn manche Raupen können Hautreizungen hervorrufen.

Pilze, Bakterien und Viren

Auch diese Organismen machen vor Wintergärten nicht Halt. Gegen Pilzkrankheiten kann man sich im Vorfeld gut erwehren, indem man für eine maßvolle Luftfeuchte sorgt. Bei ständiger Nässe breiten sie sich dagegen stark aus. Obendrein sind Pflanzenschutzmittel zur Bekämpfung verfügbar. Weniger Möglichkeiten hat man, wenn Bakterien oder Viren die Pflanzen befallen. Hier gibt es keine probaten Gegenmittel. Abhilfe schafft ein sofortiger Rückschnitt und das Entfernen befallener Pflanzenteile bis ins gesunde Gewebe. Das Schneidewerkzeug sollte nach jedem Schnitt desinfiziert werden, damit die Klingen nicht zur Verbreitung statt zur Eindämmung beitragen.

Aktuell zugelassene Pflanzenschutzmittel

Die Liste der zugelassenen Pflanzenschutzmittel ändert sich laufend, so dass es im Rahmen eines Buches nicht möglich ist, einzelne Mittel zu nennen. Informieren Sie sich bitte im örtlichen Gartenfachhandel über die jeweils aktuellen Möglichkeiten und lassen Sie sich eingehend über die Wirkung und Anwendungshinweise beraten. Aktuelle Listen finden Sie auch auf der Hompage der Zulassungsbehörde, der Biologischen Bundesanstalt: www.bba.de.

Bezugsquellen

Wintergartenpflanzen
(Klein- und Großpflanzen, Töpfe,
Pflegezubehör u.v.m.):
Versandgärtnerei flora toskana
Hans-Peter Maier & Tanja Ratsch
Böfinger Weg 10
89075 Ulm
Tel.: 0731-9267095
Fax: 0731-9267108
www.flora-toskana.de
e-mail: info@flora-toskana.de

Innenraumbegrünung
(v.a. Hydrokultur):
Kremkau Raumbegrünung
Bindersche Str. 1
31188 Holle
Tel.: 05062-8125, Fax: 05062-1592
www.wohnen-im-glashaus.de u.
www.kremkau.de
e-mail: kremkau@t-online.de
Besichtigung nach Vereinbarung
möglich

Kübelpflanzen (Jungpflanzen):
Kübel-Garten
Helga Mittmann
Eichenweg 21
48499 Salzbergen
Tel: 05976-522, Fax: 05976-1065
www.kuebelgarten.de

Exotische Sämereien:
Renate Bucher
Wingertsweg 6
64342 Seeheim-Jugenheim
Tel.: 06257-962404
www.exot-nutz-zier.de

Passionsblumen:
Blumen & Passiflora
Torsten Ulmer
Hevener Str. 18
58455 Witten
Tel.: 02302-26276, Fax: 02302-26276

Kamelien:
Kamelien-Kulturen
Peter Fischer
Höden 16
21789 Wingst
Tel.: 04778-263, Fax: 04778-274

Baumschule Huben
Schriesheimer Fußweg 7
68526 Ladenburg
Tel.: 06203-92800
Fax: 06203-928080

Bambus:
Bambus Centrum Deutschland
Wolfgang Eberts
Saarstr. 3-5
76532 Baden-Baden
Tel.: 07221-50740, Fax: 07221-507480
www.bambus.de

Glashausheizung (Wärmepumpen):
Diamant Heiz- und Klimasysteme
Im Fuchshau 24
73635 Rudersberg
Tel: 07183-92880, Fax: 07183-928820

Wintergartengarten-Hersteller:
Mekwinski Gewe Wintergärten
Kastanienallee 39
30851 Langenhagen
Tel.: 0511-741055, Fax: 0511-743053

Brey Wintergärten
Fabrikstraße 3
84048 Mainburg-Wambach
Tel.: 08751-86150

Das Glashaus (Englisches Design)
C. Busch
An der Eilshorst 15
22927 Grosshansdorf
Tel: 04102-61429

Alitex (Forgeworks England)
Postfach 1114
53701 Siegburg
Tel.: 0228-9783146

Hueck Glasanbauten (Aluminium)
Postfach 1868
58505 Lüdenscheid
Tel.: 02351-1511

Solarlux Aluminium-Systeme
Gewerbepark 9-11
49143 Bissendorf
Tel.: 05402-4000
Fax: 05402-400200
www.solarlux.de

Wigatec Wintergärten
Sägmühlweg 6
74889 Sinsheim-Reihen
Tel.: 07261-40540
Fax: 07261-4054299
www.wigatec.de

Sunshine Wintergärten
Boschstraße 1
48703 Stadtlohn
Tel: 02563-7071, Fax: 02563-204500
www.sunshine.de

Literaturangaben

Bärtels, A.: Farbatlas Tropenpflanzen. Ulmer Verlag, Stuttgart 1993.
Lengdobler, U., Baum, K.: Hibiskus. Formosa Verlag, Witten, 2001.
Kawollek, W.: Kübelpflanzen. Ulmer Verlag, Stuttgart, 1995.
Sitte, P., Ziegler H., Ehrendorfer F., Bresinsky A.: Strasburger Lehrbuch der Botanik. Gustav Fischer Verlag, Stuttgart-Jena-New York, 1991.
Cheers, G.: Botanica's Trees & Shrubs. Laurel Glen Publishing, San Diego,1999.
Eggenberger R. u. M.H.: The Handbook on Plumeria culture. Tropical Plant Specialists, Cleveland, 1988.
Ulmer, B. u. T.: Passionsblumen. Formosa Verlag, Witten, 1999.
Urban, H. u. K.: Schöne Kamelien. Ulmer Verlag, Stuttgart, 1995.
Paterson-Jones, C.: The Protea family in Southern Africa. Struik Publishers, Cape Town, 2000.
La Bambouseraie, Baumschule: Bambus-Katalog. SIB Boulogne, Anduze, 2000.
Erhardt,W., Götz, E., Bödeker N., Seybold S.: Zander – Handwörterbuch der Pflanzennamen. Ulmer Verlag, Stuttgart, 2000 (16. Auflage).
Heitz, H.: Zimmerpflanzen. Gräfe und Unzer Verlag, München, 1990.
Forschungsgesellschaft Landschaftsentwicklung u. Landschaftsbau (FLL): Richtlinie für die Planung, Ausführung und Pflege von Innenraumbegrünungen. Bonn, 1997.
Heller, E.: Wie Farben auf Gefühl und Verstand wirken. Droemer Verlag, München, 2000.
Zizka, G., Schneckenburger, S.: Blütenökologie – Palmengarten Sonderheft Nr 31. / Kleine Senckennberg-Reihe Nr. 33. Verlag Waldemar Kramer, Frankfurt, 1999.
Stiens, R.: Wohlriechende Düfte aus der Natur. Verlagshaus Goethestraße, München, 1999.

Register

Bildquellen

Fotos: Baumeister, Werner; Stuttgart: S. 129. Blancke, Rolf; Costa Rica: S. 139. Boucourt, Franck: S. 71 o. Dost, Uwe; Stuttgart: S. 108 (2. v. u). dpa: S. 12. Ferret, Philippe: S. 107 o. GBA/Engelhardt: S. 69 o. GBA/GPL: S. 26, 34, 102. Himmelhuber, Wolfgang; Regensburg: S. 30, 76, 78. Hühner, J.: S. 133 o. Irßlinger GmbH; Meßkirch-Igelswies: S. 29, 32 li, 32 o, 33 li o, 33 Mitte, 33 re, 65. Jahreszeiten-Verlag/A. Garells: Umschlag vorne (o). Kremkau, Lutz-Peter; Holle: S. 6 o, 6 u. Labat, Jean-Jaques: S. 121. MAP Descat, F- Evry: S. 117. Morell, Eberhard; Kronberg: S. 68 o, 68 u, 95 o, 106. Redeleit, Wolfgang; Bienenbüttel: S. 18, 27. Reinhard, Hans; Heilig-

kreuzsteinach: S. 47 o, 47 u, 49, 66, 79, 98 li, 108 (2. v. o), 123, 138, 141 o. Reinhard, Nils, Heiligkreuzsteinach: S. 112, 122. Rücker, Karlheinz; Stuttgart: S. 107 u. Schmidt, Wolfgang; Soest: S. 108 u. Stork, Jürgen; Ohlsbach: Umschlag vorne (u.), S. 4, 7, 8, 10 o, 10 (2. v. o), 10 (2. v. u), 10 u, 14, 19, 22, 24, 38, 77, 80 o, 80 (2. v. o), 80 (2. v. u), 80 u, 82, 108 o, 110, 126, 133, 136 (li), 136 (re), 137, 141 u, Vorsatz hinten (3). Strauß, Friedrich; Au-Hallertau: S. 13, 25, 35, 36 und Umschlag hinten, 48, 56, 57, 58, 70, 72, 74, 85, 93 u, 127, 132, 135. Urban, Helga und Klaus; Frankfurt/Main: S. 69 u. Wachsmuth, Karin; Stuttgart: S. 87, 99. Alle anderen Fotos stammen von flora toskana, T. Ratsch, Ulm. **Zeichnungen:** Grafikdesign & Illustration Sabine Weber, Appenweier, nach Vorlagen der Verfasserin.

Impressum

**Bibliografische Information
Der Deutschen Bibliothek**
Die Deutsche Bibliothek verzeichnet diese Publikation in der Deutschen Nationalbibliografie; detaillierte bibliografische Daten sind im Internet über http://dnb.ddb.de abrufbar.

ISBN 3-8001-4180-9

© 2004 Eugen Ulmer GmbH & Co. Wollgrasweg 41, 70599 Stuttgart (Hohenheim)
Internet: www.ulmer.de
Umschlaggestaltung, Innenlayout und dtp: Atelier Reichert, Stuttgart
Printed in Germany
Satz: Typomedia GmbH, Ostfildern
Reproduktion: Repro Schmid, Stuttgart
Druck und Bindung: aprinta, Wemding

Das grüne Zimmer

Moderne Häuser öffnen sich zum Garten oder zur Landschaft. Mit gestalterischer Raffinesse lassen sich so neue, ungewöhnlich attraktive Wohn- und Aufenthaltsräume schaffen. Wasserspiele und Brunnen, unterschiedliche Materialien, Farben sowie Lichteffekte spielen in den Entwürfen des Autors eine große Rolle. Er stattet seine Gartenräume oft mit exotischen Pflanzen aus. Das Buch bietet attraktive Ideen, damit das Wohnen im Garten ein Genuss ist und der Garten eine Augenweide für die Bewohner des Hauses wird. Auf kleinstem Raum entstehen auf diese Weise großartige Paradiese.
Das grüne Zimmer. Der Garten als moderner Wohnraum. Joe Swift. 2003. 168 Seiten, 123 Abb. ISBN 3-8001-4255-4.

Kübelpflanzen

Träume des Südens! Das richtige Buch für alle, die sich vorgenommen haben, Stück für Stück den Süden in den eigenen Garten zu holen. Es hilft selbstverständlich auch mit guten Ratschlägen und Hinweisen zur Kultur und Pflege. Der Autor Wolfgang Kawollek ist Technischer Leiter der Lehr- und Versuchsanlagen der Arbeitsgruppe Botanik der Gesamthochschule Kassel. Er ist ein Bonsai-Fachmann von hohen Graden, bekannt durch zahlreiche Veröffentlichungen, Vorträge und Auftritte in Rundfunk und Fernsehen.
Kübelpflanzen. Südländische Gehölze für die Kultur in Töpfen und Kübeln. Wolfgang Kawollek. 2., durchges. Auflage 1997. 435 Seiten, 296 Farbfotos, 32 Zeichn. ISBN 3-8001-6619-4.

Mediterranes Flair auf Balkon und Terrasse

So können Sie sich „ein Stück Urlaub" auf den heimischen Balkon oder die Terrasse holen: neben dekorativen, dabei aber leicht zu pflegenden Kübelpflanzen werden in diesem Buch auch Tipps und Tricks vermittelt, wie man mit der stilechten Gestaltung, der Materialwahl und den passenden Accessoires einen Hauch von Mittelmeer-Flair zaubern kann. Die Autorin Tanja Ratsch gibt dabei eine Fülle an kompetenten Gestaltungs- und Pflanzenpflegetipps, wobei sie aus dem Erfahrungsschatz ihrer eigenen Verkaufsgärtnerei schöpfen kann. Lassen Sie sich inspirieren!
Mediterranes Flair auf Balkon und Terrasse. Tanja Ratsch. 2002. 96 Seiten, 86 Farbfotos, 13 Zeichn. ISBN 3-8001-3811-5.

Pflegekalender durchs Wintergartenjahr

März

- Führen Sie Kronenkorrekturen durch. Die Triebspitzen aus der Form geratener Pflanzen werden gestutzt. Überalterte Pflanzen werden verjüngt, indem man jährlich einige der jeweils ältesten Triebe ganz herausnimmt.

- Mit der Frühlingssonne erwachen in kalten Wintergärten Schädlinge wieder zum Leben. Kontrollieren Sie deshalb jetzt verstärkt.

- Der Wasserbedarf steigt langsam. Gießen Sie jedoch weiterhin sehr dosiert.

April

- Kletterpflanzen werden mit ihren Trieben in gewünschter Richtung an die Rankhilfen herangeleitet und fixiert, bevor sie eigene Wege suchen.

- Reinigen Sie das Wasser kleiner Teiche oder Becken von Pflanzenresten und Algen, damit das Wasser klar in die Saison startet und auch länger sauber bleibt.

- Die ersten Pflanzen sind schon verblüht und werden ausgeputzt: Entfernen Sie verwelkte und abgeblühte Pflanzenteile.

Mai

- Der Wonnemonat ist auch im Wintergarten die Zeit zum Genießen.

- Wer selbst aussäen möchte, sollte den Exoten eine konstant hohe Bodentemperatur (über 20°C) und sehr viel Licht bieten. Ohne Heizmatten und Pflanzenleuchten ist dies erst im Mai möglich.

- Die Temperaturschwankungen zwischen sonnigen und bewölkten Tagen sind sehr hoch. Sorgen Sie durch Lüften und Schattieren für gleichbleibende Temperaturen.

Juni und Juli

- Regelmäßiges Gießen ist jetzt das A und O. Wird es vernachlässigt, stoppt die Blüten- und Fruchtbildung. Gießen Sie bevorzugt früh morgens und spät abens, wenn die Wurzeln nicht überhitzt sind (Kälteschock bei kaltem Wasser!).

- Breiten sich wüchsige Pflanzen zu stark aus, wird ein Sommerschnitt durchgeführt, um sie auszulichten.

- Wer seine Pflanzen selbst vermehren möchte, kann dies jetzt durch Stecklinge tun, die bei konstant hohen Bodentemperaturen gut anwurzeln.

- Rücken Sie Pflanzen, deren Blätter die Gläser berühren, von den Scheiben ab, da sie sich stark erhitzen und dann Verbrennungen erleiden.

August

- Zur Urlaubszeit ist es besonders wichtig, dass Sie sich auf die Automatik von Bewässerung und Lüftung verlassen können. Wartung einplanen.

- Samen für die spätere Aussaat sammeln.

- In ungeheizten oder gerade frostfreien Wintergärten wird ab Ende des Monats nicht mehr gedüngt, damit die Triebe ausreifen und besser auf den Winter vorbereitet sind.